21 世纪高等院校计算机辅助设计规划教材

MATLAB R2018 基础与实例教程

主　编　阳平华

副主编　吴丽镐　李　菁

　　　　詹涌强　阳彩霞

机械工业出版社

全书以 MATLAB R2018 为基础，结合高等学校学生的教学经验和计算科学的应用，讲解数学计算和仿真分析的各种方法和技巧，完整地编写一套让学生与零基础读者可以灵活掌握的教学指南，让学生与零基础读者最终脱离书本，应用于工程实践中。

本书主要内容包括 MATLAB 入门，数据计算与矩阵函数，程序设计，绘图命令，符号运算，矩阵分析与应用，微分与积分计算，三维动画，图形用户界面设计，MATLAB 联合编程，Simulink 仿真设计等内容。本书覆盖数学计算与仿真分析的各个方面，既有 MATLAB 基本函数的介绍，也有用 MATLAB 编写的专门计算程序，利用函数解决不同数学应用问题，实例丰富而典型，将重点知识融入应用，指导读者有的放矢地进行学习。

本书既可作为初学者的入门用书，也可作为工程技术人员、本科生、研究生的教材用书。

本书配套授课电子课件，需要的教师可登录 www.cmpedu.com 免费注册，审核通过后下载，或联系编辑索取（QQ：2850823885，电话：010-88379739）。

图书在版编目（CIP）数据

MATLAB R2018 基础与实例教程/阳平华主编 .—北京：机械工业出版社，2019.2（2024.7 重印）
21 世纪高等院校计算机辅助设计规划教材
ISBN 978-7-111-61991-8

Ⅰ.①M… Ⅱ.①阳… Ⅲ.①Matlab 软件-高等学校-教材 Ⅳ.①TP317

中国版本图书馆 CIP 数据核字（2019）第 026888 号

机械工业出版社（北京市百万庄大街22号　邮政编码100037）
策划编辑：和庆娣　　　　责任编辑：胡　静
责任校对：张艳霞　　　　责任印制：单爱军
北京虎彩文化传播有限公司印刷

2024 年 7 月第 1 版·第 6 次印刷
184mm×260mm·17 印张·415 千字
标准书号：ISBN 978-7-111-61991-8
定价：55.00 元

凡购本书，如有缺页、倒页、脱页，由本社发行部调换
电话服务　　　　　　　　　　网络服务
服务咨询热线：（010）88379833　　机 工 官 网：www.cmpbook.com
读者购书热线：（010）88379649　　机 工 官 博：weibo.com/cmp1952
　　　　　　　　　　　　　　　　教育服务网：www.cmpedu.com
封面无防伪标均为盗版　　　　金 书 网：www.golden-book.com

前　　言

MATLAB 是美国 MathWorks 公司出品的一个优秀的数学计算软件，其强大的数值计算能力和数据可视化能力令人震撼。经过多年的发展，MATLAB 已经发展到了 R2018a 版本，功能日趋完善。MATLAB 已经发展成为多种学科必不可少的计算工具，成为自动控制、应用数学、信息与计算科学等专业大学生与研究生必须掌握的基本技能。

目前，MATLAB 已经得到了很大程度的普及，它不仅成为各大公司和科研机构的专用软件，在各高校中同样也得到了普及。越来越多的学生借助 MATLAB 来学习数学分析、图像处理、仿真分析。

为了帮助零基础读者快速掌握 MATLAB 的使用方法，本书从基础着手，详细对 MATLAB 的基本函数功能进行介绍，同时根据不同学科读者的需求，作者在数学计算、图形绘制、仿真分析、最优化设计和外部接口编程等不同的领域进行了详细的介绍，让读者入宝山而满载归。

MATLAB 本身是一个极为丰富的资源库。因此，对大多数用户来说，一定有部分 MAT-LAB 内容看起来是"透明"的，也就是说用户能明白其全部细节；另有些内容表现为"灰色"，即用户虽明白其原理但是对于具体的执行细节不能完全掌握；还有些内容则"全黑"，也就是用户对它们一无所知。本书虽仅涉及 MATLAB 在各方面应用的一小部分，但就是这部分内容就已经构成了对本书作者的严重挑战。作者在写稿过程中遇到过不少困惑，通过再学习和向专家请教虽克服了这些障碍，但仍难免存在错误和偏见。本书所有算例均由作者在计算机上验证。在此，本书作者恳切期望得到各方面专家和广大读者的指教。

一、本书特色

市面上的 MATLAB 学习书籍浩如烟海，读者要挑选一本自己中意的书反而很困难，真是"乱花渐欲迷人眼"。那么，本书为什么能够在您"众里寻她千百度"之际，于"灯火阑珊"中让您"蓦然回首"呢，那是因为本书有以下 5 大特色。

作者权威

本书由著名 CAD/CAM/CAE 图书出版专家胡仁喜博士指导，大学资深专家教授团队执笔编写。本书是作者总结多年的设计经验以及教学的心得体会，历时多年精心编著，力求全面细致地展现出 MATLAB 在工程分析与数学计算应用领域的各种功能和使用方法。

实例专业

本书中有很多实例本身就是工程分析与数学计算项目案例，经过作者精心提炼和改编，不仅保证了读者能够学好知识点，更重要的是能帮助读者掌握实际的操作技能。

提升技能

本书从全面提升 MATLAB 工程分析与数学计算能力的角度出发，结合大量的案例来讲解如何利用 MATLAB 进行工程分析与数学计算，真正让读者懂得计算机辅助工程分析与数学计算。

内容全面

本书共 11 章，分别介绍了 MATLAB 入门，数据计算与矩阵函数，程序设计，绘图命令，符号运算，矩阵分析与应用，微分与积分计算，三维动画，图形用户界面设计，MATLAB 联合编程，Simulink 仿真设计等内容。

知行合一

本书提供了使用 MATLAB 解决数学问题的实践性指导，它基于 MATLAB R2018a 版，内容由浅入深，特别是本书对每一条命令的使用格式都做了详细而又简单明了的说明，并为用户提供了大量的例题加以说明其用法，因此，对于初学者自学是很有帮助的；同时，又对数学中的一些深入问题如优化理论的算法介绍以及各种数学问题如概率问题、数理统计问题等进行了较为详细的介绍，因此，该书也可作为科技工作者的科学计算工具书。

二、电子资料使用说明

本书除利用传统的纸面讲解外，随书配送了电子资料包，包含全书讲解实例和练习实例的源文件素材，并制作了全程实例动画同步 AVI 文件。为了增强教学的效果，更进一步方便读者的学习，作者亲自对实例动画进行了配音讲解，通过扫描二维码，下载本书实例操作过程视频 AVI 文件，读者可以随心所欲，像看电影一样轻松愉悦地学习本书。

三、致谢

本书由华南理工大学广州学院的阳平华老师任主编，华南理工大学广州学院的吴丽镐、李菁、詹涌强和阳彩霞老师任副主编，华南理工大学广州学院的李海荣、黄婷、黄业文老师参与部分章节的编写。其中阳平华编写第 1~3 章，吴丽镐编写第 4~5 章，李菁编写第 6~7 章，詹涌强编写第 8~9 章，阳彩霞编写第 10~11 章。王正军、卢园、李亚莉、吴秋彦、井晓翠、张俊生、卢思梦、闫聪聪、刘昌丽、康士廷、张亭等参与了部分章节的内容整理，石家庄三维书屋文化传播有限公司的胡仁喜博士对全书进行了审校，在此对他们的付出表示感谢。

编　者

目　　录

第 1 章　MATLAB 入门

MATLAB 是一款功能非常强大的科学计算软件。使用 MATLAB 之前，应该对它有一个整体的认识，包括最基本的数据类型、显示格式等，同时对 MATLAB 的用户界面进行简单介绍，让读者对 MATLAB 有基本的了解，为后面介绍具体的功能打下基础。

1.1　MATLAB 概述

MATLAB 是以线性代数软件包 LINPACK 和特征值计算软件包 EISPACK 中的子程序为基础发展起来的一种开放式程序设计语言，是一种高性能的工程计算语言，其基本的数据单位是没有维数限制的矩阵。

1.1.1　MATLAB 的发展历程

20 世纪 70 年代中期，Cleve Moler 博士及其同事在美国国家科学基金的资助下开发了调用 EISPACK 和 LINPACK 的 FORTRAN 子程序库。EISPACK 是求解特征值的 FOTRAN 程序库，LINPACK 是求解线性方程的程序库。在当时，这两个程序库代表矩阵运算的最高水平。

20 世纪 70 年代后期，时任美国新墨西哥大学计算机科学系主任的 Cleve Moler 教授在给学生讲授线性代数课程时，想教给学生使用 EISPACK 和 LINPACK 程序库，但他发现学生用 FORTRAN 编写接口程序很费时间，出于减轻学生编程负担的目的，为学生设计了一组调用 LINPACK 和 EISPACK 程序库的"通俗易用"的接口，此即用 FORTRAN 编写的萌芽状态的 MATLAB。在此后的数年里，MATLAB 在多所大学里作为教学辅助软件使用，并作为面向大众的免费软件广为流传。

1983 年春天，Cleve Moler 教授到斯坦福大学讲学，他所讲授的关于 MATLAB 的内容深深地吸引了工程师 John Little。John Little 敏锐地觉察到 MATLAB 在工程领域的广阔前景，同年，他和 Cleve Moler、Steve Bangert 一起用 C 语言开发了第二代专业版 MATLAB。这一代的 MATLAB 语言同时具备了数值计算和数据图示化的功能。

1984 年，Cleve Moler 和 John Little 成立了 MathWorks 公司，正式把 MATLAB 推向市场，并继续进行 MATLAB 的研究和开发。从这时起，MATLAB 的内核采用 C 语言编写。

MATLAB 以商品形式出现后，仅短短几年，就以其良好的开放性和可靠性，将原先控制领域里的封闭式软件包（如 UMIST、LUND、SIMNON、KEDDC 等）纷纷淘汰，而改以 MATLAB 为平台加以重建。20 世纪 90 年代初期，MathWorks 公司顺应多功能需求的潮流，在其卓越数值计算和图示能力的基础上又率先拓展了其符号计算、文字处理、可视化建模和实时控制能力，开发了适合多学科要求的新一代产品。经过多年的竞争，在国际上三十几个数学类科技应用软件中，MATLAB 已经占据了数值软件市场的主导地位。

MathWorks 公司于 1993 年推出 MATLAB 4.0 版本，从此告别 DOS 版。4.x 版在继承和

发展其原有的数值计算和图形可视能力的同时，出现了以下几个重要变化。

1）推出了 Simulink。这是一个交互式操作的动态系统建模、仿真、分析集成环境。它的出现使人们有可能考虑许多以前不得不做简化假设的非线性因素、随机因素，从而大大提高了人们对非线性、随机动态系统的认知能力。

2）开发了与外部进行直接数据交换的组件，打通了 MATLAB 进行实时数据分析、处理和硬件开发的道路。

3）推出了符号计算工具包。1993 年，MathWorks 公司从加拿大滑铁卢大学购得 Maple 的使用权，以 Maple 为引擎开发了 Symbolic Math Toolbox 1.0。MathWorks 公司此举结束了国际上数值计算、符号计算孰优孰劣的长期争论，促成了两种计算的互补发展。

4）构造了 Notebook。MathWorks 公司瞄准应用范围最广的 Word，运用 DDE 和 OLE，实现了 MATLAB 与 Word 的无缝链接，从而为专业科技工作者创造了融科学计算、图形可视化、文字处理于一体的高水准环境。

1997 年春，MATLAB 5.0 版问世，紧接着是 5.1、5.2，以及 1999 年春的 5.3 版。2003年，MATLAB 7.0 问世。

时至今日，经过 MathWorks 公司的不断完善，MATLAB 已经发展成为适合多学科、多种工作平台的功能强大的大型软件。在欧美高校，MATLAB 已经成为诸如应用代数、数理统计、自动控制、数字信号处理、模拟与数字通信、时间序列分析、动态系统仿真等高级课程的基本教学工具，这几乎成了 20 世纪 90 年代教科书与旧版书籍的区别性标志。MATLAB 成为了攻读学位的大学生、硕士生、博士生必须掌握的基本工具。在国际学术界，MATLAB 已经被确认为准确、可靠的科学计算标准软件。在许多国际一流学术刊物上（尤其是信息科学刊物），都可以看到 MATLAB 的应用。在研究单位和工业部门，MATLAB 被认为是进行高效研究、开发的首选软件工具，如美国 National Instruments 公司的信号测量、分析软件 LabVIEW，Cadence 公司的信号和通信分析设计软件 SPW 等，或者直接建立在 MATLAB 之上，或者以 MATLAB 为主要支撑；又如 HP 公司的 VXI 硬件、TM 公司的 DSP、Gage 公司的各种硬卡和仪器等都接受 MATLAB 的支持。可以说，无论你从事工程方面的哪个学科，都能在 MATLAB 里找到合适的功能。

从 2006 年开始，MATLAB 分别在每年的 3 月和 9 月进行两次产品发布，每次发布都涵盖产品家族中的所有模块，包含已有产品的新特性和 bug 修订，以及新产品的发布。其中，3 月发布的版本被称为"a"，9 月发布的版本被称为"b"，如 2006 年的两个版本分别是 R2006a 和 R2006b。在 2006 年 3 月 1 日发布的 R2006a 版本中，更新了 74 个产品，包括当时最新的 MATLAB 7.2 与 Simulink 6.4，增加了两个新产品模块（Builder for . net 和 SimHydraulics），增加了对 64 位 Windows 的支持。其中值得一提的是 Builder for . net，也就是 . net 工具箱，它扩展了 MATLAB Compiler 的功能，集成了 MATLAB Builder for COM 的功能，可以将 MATLAB 函数打包，使网络程序员可以通过 C#、VB. net 等语言访问这些函数，并将源自 MATLAB 函数的错误作为一个标准的管理异常来处理。

2012 年，MathWorks 推出了 MATLAB 7.14，即 MATLAB R2012a。

2018 年 3 月，MathWorks 正式发布了 R2018a 版 MATLAB（以下简称 MATLAB 2018）和 Simulink 产品系列的 Release 2018（R2018）版本。

1.1.2 MATLAB 系统

MATLAB 系统主要包括以下五个部分。

（1）桌面工具和开发环境

MATLAB 由一系列工具组成，这些工具大部分是图形用户界面，方便用户使用 MATLAB 的函数和文件，包括 MATLAB 桌面和命令行窗口、编辑器和调试器、代码分析器和用于浏览帮助、工作空间、文件的浏览器。

（2）数学函数库

MATLAB 数学函数库包括了大量的计算算法，从初等函数（如加法、正弦、余弦等）到复杂的高等函数（如矩阵求逆、矩阵特征值、贝塞尔函数和快速傅里叶变换等）。

（3）语言

MATLAB 语言是一种高级的基于矩阵/数组的语言，具有程序流控制、函数、数据结构、输入/输出和面向对象编程等特色。用户可以在命令行窗口中将输入语句与执行命令同步，以迅速创立快速抛弃型程序，也可以先编写一个较大的复杂的 M 文件后再一起运行，以创立完整的大型应用程序。

（4）图形处理

MATLAB 具有方便的数据可视化功能，以将向量和矩阵用图形表现出来，并且可以对图形进行标注和打印。它的高层次作图包括二维和三维的可视化、图像处理、动画和表达式作图。低层次作图包括完全定制图形的外观，以及建立基于用户的 MATLAB 应用程序的完整的图形用户界面。

（5）外部接口

外部接口是一个使 MATLAB 语言能与 C、FORTRAN 等其他高级编程语言进行交互的函数库，它包括从 MATLAB 中调用程序（动态链接）、调用 MATLAB 为计算引擎和读写 mat 文件的设备。

1.1.3 MATLAB 语言的特点

MATLAB 提供了一种交互式的高级编程语言——M 语言，用户可以利用 M 语言编写脚本或用函数文件来实现自己的算法。

一种语言之所以能够如此迅速地普及，显示出如此旺盛的生命力，是由于它有着不同于其他语言的特点，正如同 FORTRAN 和 C 等高级语言使人们摆脱了需要直接对计算机硬件资源进行操作一样，被称为第四代计算机语言的 MATLAB，利用其丰富的函数资源，使编程人员从烦琐的程序代码中解放出来。MATLAB 最突出的特点就是简洁，它用更直观的、符合人们思维习惯的代码，代替了 C 语言和 FORTRAN 语言的冗长代码。MATLAB 给用户带来的是最直观、最简洁的程序开发环境。下面简要介绍一下 MATLAB 的主要特点。

1）语言简洁紧凑，库函数极其丰富，使用方便灵活。MATLAB 程序书写形式自由，利用丰富的库函数避开了繁杂的子程序编程任务，压缩了一切不必要的编程工作。由于库函数都由本领域的专家编写，用户不必担心函数的可靠性。可以说，用 MATLAB 进行科技开发是站在专家的肩膀上。

利用 FORTRAN 或 C 语言去编写程序，尤其是当涉及矩阵运算和画图时，编程会很麻烦。

例如，用 FORTRAN 和 C 这样的高级语言编写求解一个线性代数方程的程序，至少需要 400 多行，调试这种几百行的计算程序很困难，而使用 MATLAB 编写这样一个程序则很直观简洁。

MATLAB 的程序极其简短。更难能可贵的是，MATLAB 甚至具有一定的智能效能，比如解上面的方程时，MATLAB 会根据矩阵的特性选择方程的求解方法。

2）运算符丰富。由于 MATLAB 是用 C 语言编写的，MATLAB 提供了和 C 语言几乎一样多的运算符，灵活使用 MATLAB 的运算符将使程序变得极为简短。

3）MATLAB 既具有结构化的控制语句（如 for 循环、while 循环、break 语句和 if 语句），又有面向对象编程的特性。

4）程序设计自由度大。例如，在 MATLAB 里，用户无需对矩阵预定义就可使用。

5）程序的可移植性很好，基本上不做修改就可以在各种型号的计算机和操作系统上运行。

6）图形功能强大。在 FORTRAN 和 C 语言里，绘图都很不容易，但在 MATLAB 里，数据的可视化非常简单。MATLAB 还具有较强的编辑图形界面的能力。

7）与其他高级程序相比，程序的执行速度较慢。由于 MATLAB 的程序不用编译等预处理，也不生成可执行文件，程序为解释执行，所以速度较慢。

8）功能强大的工具箱。MATLAB 包含两个部分：核心部分和各种可选的工具箱。核心部分中有数百个核心内部函数。工具箱又分为两类：功能性工具箱和学科性工具箱。这些工具箱都是由该领域内学术水平很高的专家编写的，所以用户无须编写自己学科范围内的基础程序，而直接进行高、精、尖的研究。

9）源程序的开放性。

1.2 启动 MATLAB

启动 MATLAB 有多种方式。最常用的启动方式就是双击桌面上的 MATLAB 图标；也可以在"开始"菜单中单击 MATLAB 的快捷方式；还可以在 MATLAB 的安装路径中的 bin 文件夹中双击可执行文件 matlab.exe。

要退出 MATLAB 程序，可以选择以下几种方式。

1）单击窗口右上角的"关闭"按钮 ⊠ 。

2）在命令行窗口上方的标题栏右击，在弹出的快捷菜单中选择"关闭"命令。

3）使用快捷键〈Alt+F4〉。

第一次使用 MATLAB R2018，将进入其默认设置的工作界面，如图 1-1 所示。

要想掌握好 MATLAB，一定要学会使用它的帮助系统，因为任何一本书都不可能涵盖它的所有内容，更多的命令、技巧都是要在实际使用中摸索出来的，而在这个摸索的过程中，MATLAB 的帮助系统是必不可少的工具。

读者可以在使用 MATLAB 的过程中，充分利用这些帮助资源。

1. 联机帮助系统

MATLAB 的联机帮助系统非常系统全面，进入联机帮助系统的方法有以下几种。

● 按下 MATLAB 主窗口的 ⊙ 按钮。

● 在命令行窗口执行 doc 命令。

● 在功能区选择"资源"→"帮助"→"文档"命令。

图 1-1　MATLAB 默认桌面平台

　　联机帮助窗口如图 1-2 所示，其中，上面是查询工具框，如图 1-3 所示；下面显示帮助内容。

图 1-2　联机帮助窗口

图 1-3　查询工具框

2. 命令行窗口查询帮助系统

用户可以在命令行窗口利用帮助查询命令更快地得到帮助。MATLAB 的帮助命令主要分为 help 系列、lookfor 系列和其他帮助命令。

（1）help 命令

help 命令是最常用的命令。在命令行窗口直接输入 help 命令将会显示当前帮助系统中包含的所有项目，即搜索路径中所有的目录名称，结果如下：

```
>> help
帮助主题：

matlab\datafun              — Data analysis and Fourier transforms.
matlab\datatypes            — Data types and structures.
matlab\elfun                — Elementary math functions.
matlab\elmat                — Elementary matrices and matrix manipulation.
matlab\funfun               — Function functions and ODE solvers.
matlab\general              — General purpose commands.
matlab\iofun                — File input and output.
matlab\lang                 — Programming language constructs.
matlab\matfun               — Matrix functions      — numerical linear algebra.
matlab\ops                  — Operators and special characters.
matlab\polyfun              — Interpolation and polynomials.
matlab\randfun              — Random matrices and random streams.
matlab\sparfun              — Sparse matrices.
matlab\specfun              — Specialized math functions.
matlab\strfun               — Character arrays and strings.
matlab\timefun              — Time and dates.
matlab\validators           — （没有目录文件）
matlabhdlcoder              — （没有目录文件）
……
webservices\restful         — （没有目录文件）
interfaces\webservices      — MATLAB Web Services Interfaces.
xpc                         — （没有目录文件）
xpcblocks\thirdpartydrivers — （没有目录文件）
build\xpcblocks             — （没有目录文件）
build\xpcobsolete           — （没有目录文件）
xpcdemos                    — （没有目录文件）
```

（2）help+函数名

help+函数名，是实际应用中最有用的一个帮助命令。当用户知道某个函数的名称，却不知道具体的用法时，这个命令可以帮助用户详细了解该函数的使用方法，辅助用户进行深入的学习。尤其是在下载安装了 MATLAB 的中文帮助文件之后，可以在命令行窗口查询中文帮助。

【例 1-1】查询函数帮助。

```
>> helpsym
sym — Create symbolic variables, expressions, functions, matrices
    This MATLAB function creates symbolic variable x.
    x = sym('x')
    A = sym('a', [n1 ... nM])
    A = sym('a', n)
    sym(___, set)
```

```
sym(___, 'clear')
sym(num)
sym(num, flag)
symexpr = sym(h)
另请参阅 assume, double, reset, str2sym, symfun, syms, symvar
sym 的参考页
```

1.3　MATLAB R2018 的工作环境

本节通过介绍 MATLAB R2018 的工作环境界面，使读者初步认识 MATLAB R2018 的主要窗口，并掌握其操作方法。

MATLAB R2018 的工作界面形式简洁，主要由功能区、工具栏、命令行窗口（Command Window）、命令历史记录窗口（Command History）、当前文件夹窗口（Current Folder）、工作空间管理窗口（Workspace）等组成。

1.3.1　工具栏

功能区上方是工具栏，工具栏以图标方式汇集了常用的操作命令。下面简要介绍工具栏中部分常用按钮的功能。

　：保存 M 文件。

　、　、　：剪切、复制或粘贴已选中的对象。

　、　：撤销或恢复上一次操作。

　：切换窗口。

　：打开 MATLAB 帮助系统。

　　　：向前、向后、向上一级、浏览路径文件夹。

　D: ▸ Program Files ▸ MATLAB ▸ R2018a ▸ bin ▸ ：当前路径设置栏。

MATLAB R2018 主窗口的左下角有一个与计算机操作系统类似的　 按钮，单击该按钮，选择下拉列表中的 "Parallel preferences" 命令，可以打开各种 MATLAB 工具、进行工具演示、查看工具的说明文档，如图 1-4 所示。在这里寻找帮助，要比 help 窗口中更方便、更简洁明了。

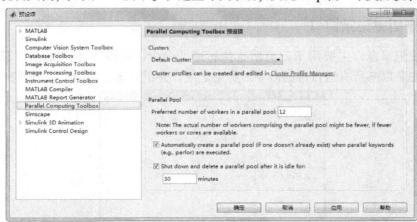

图 1-4　MATLAB 快捷菜单

1.3.2 命令行窗口

命令行窗口如图 1-5 所示，在该窗口中可以进行各种计算操作，也可以使用命令打开各种 MATLAB 工具，还可以查看各种命令的帮助说明等。

图 1-5　命令行窗口

其中，">>"为运算提示符，表示 MATLAB 处于准备就绪状态。如在提示符后输入一条命令或一段程序后按〈Enter〉键，MATLAB 将给出相应的结果，并将结果保存在工作空间管理窗口中，然后再次显示一个运算提示符。

> 📖 **注意：** 在 MATLAB 命令行窗口中输入汉字时，会出现一个输入窗口，在中文状态下输入的括号和标点等不被认为是命令的一部分，所以，在输入命令的时候一定要在英文状态下进行。

在命令行窗口的右上角，用户可以单击相应的按钮来最大化、还原或关闭窗口。单击右上角的 ⊙ 按钮，出现一个下拉菜单。在该下拉菜单中，单击 ⊷ 按钮，可将命令行窗口最小化到主窗口左侧，以页签形式存在，当鼠标指针移到上面时，显示窗口内容。此时单击 ⊙ 下拉菜单中的 ⊞ 按钮，即可恢复显示。

1.3.3 命令历史记录窗口

命令历史记录窗口主要用于记录所有执行过的命令，如图 1-6 所示。在默认条件下，它会保存自安装以来所有运行过的命令的历史记录，并记录运行时间，以方便查询。

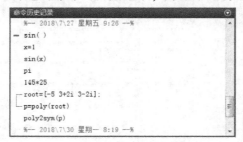

图 1-6　命令历史记录窗口

在命令历史记录窗口中双击某一命令，命令行窗口中将执行该命令。

1.3.4 当前文件夹窗口

当前文件夹窗口如图 1-7 所示，可显示或改变当前目录，查看当前目录下的文件，单击 按钮可以在当前目录或子目录下搜索文件。

单击 按钮，在弹出的下拉菜单中可以执行常用的操作。例如，在当前目录下新建文件或文件夹（还可以指定新建文件的类型）、生成文件分析报告、查找文件、显示/隐藏文件信息、将当前目录按某种指定方式排序和分组等。图 1-8 所示是对当前目录中的代码进行分析，提出一些程序优化建议并生成报告。

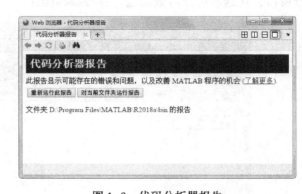

图 1-7　当前文件夹窗口　　　　　　　　图 1-8　代码分析器报告

1.3.5 工作区窗口

工作区窗口如图 1-9 所示。它可以显示目前内存中所有的 MATLAB 变量名、数据结构、字节数与类型。不同的变量类型有不同的变量名图标。

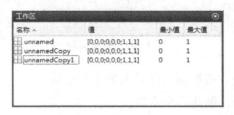

图 1-9　工作区窗口

工作区窗口是 MATLAB 一个非常重要的数据分析与管理窗口，它的主要按钮功能如下。

- "新建脚本" 按钮 ：新建一个 M 文件。
- "新建实时脚本" 按钮 ：新建一个实时脚本，如图 1-10 所示。

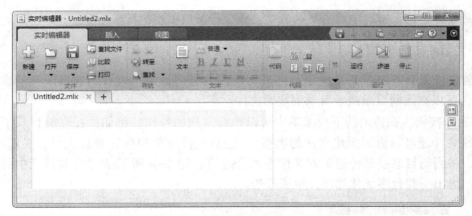

图 1-10 实时编辑器窗口

- "打开"按钮 ：打开所选择的数据对象。单击该按钮之后，进入图 1-11 所示的变量窗口，在这里可以对数据进行各种编辑操作。

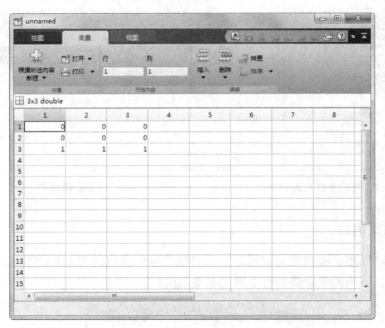

图 1-11 变量窗口

- "导入数据"按钮：将数据文件导入到工作空间。
- "新建变量"按钮：创建一个变量。
- "保存工作区"按钮：保存工作区数据。
- 清除工作区：删除变量。
- Simulink 按钮：打开 Simulink 主窗口。
- "布局"按钮：打开用户界面设计窗口。
- "分析代码"按钮：打开代码分析器主窗口。

- "收藏夹"按钮 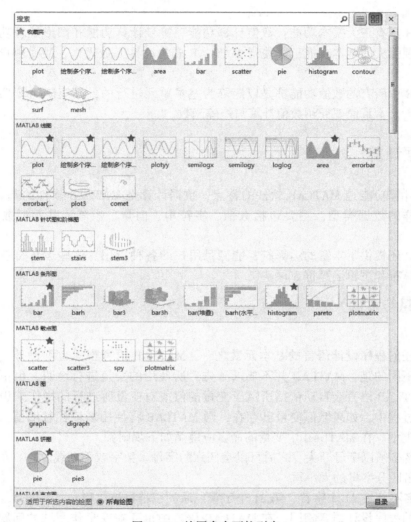：为了方便记录，在调试 M 文件时在不同工作区之间进行切换。
  MATLAB 在执行 M 文件时，会把 M 文件的数据保存到其对应的工作区中，并将该工作区添加到"收藏夹"文件夹里。
- "绘图"选项卡：绘制数据图形。单击右侧的下拉按钮，弹出如图 1-12 所示的下拉列表，从中可以选择不同的绘制命令。

图 1-12　绘图命令下拉列表

1.4　课后习题

1. MATLAB 命令行窗口的作用是什么？
2. MATLAB 命令历史记录窗口的作用是什么？
3. MATLAB 当前文件夹窗口的作用是什么？

第2章 数据计算与矩阵函数

MATLAB 具有三大基本功能：数值计算功能、符号计算功能和图形处理功能。正是因为有了这三项强大的基本功能，才使得 MATLAB 成为世界上最优秀、最受用户欢迎的数学软件。

MATLAB 中所有的数值功能都是以矩阵为基本单元进行的，其矩阵运算功能可谓是非常全面和强大。本章简要介绍数值计算与矩阵函数。

2.1 数据计算

强大的计算功能是 MATLAB 软件的特点，数据计算是 MATLAB 软件的基础。MATLAB 包括各种各样的数据类型，主要包括数值、字符串、向量、矩阵、单元型数据及结构型数据。

MATLAB 还提供了丰富的运算符，能满足用户的各种应用。这些运算符包括算术运算符、关系运算符和逻辑运算符 3 种。

2.1.1 变量与常量

1. 变量

变量是任何程序设计语言的基本元素之一，MATLAB 语言当然也不例外。与常规的程序设计语言不同的是，MATLAB 并不要求事先对所使用的变量进行声明，也不需要指定变量类型，MATLAB 语言会自动依据所赋予变量的值或对变量所进行的操作来识别变量的类型。在赋值过程中，如果赋值变量已存在，则 MATLAB 将使用新值代替旧值，并以新值类型代替旧值类型。在 MATLAB 中变量的命名应遵循如下规则：

- 变量名必须以字母开头，之后可以是任意的字母、数字或下划线。
- 变量名区分字母的大小写。
- 变量名不超过 31 个字符，第 31 个字符以后的字符将被忽略。

与其他的程序设计语言相同，在 MATLAB 语言中也存在变量作用域的问题。在未加特殊说明的情况下，MATLAB 语言将所识别的一切变量视为局部变量，即仅在其使用的 M 文件内有效。若要将变量定义为全局变量，则应当对变量进行说明，即在该变量前加关键字 global。一般来说，全局变量均用大写的英文字符表示。

【例 2-1】定义变量。

解： MATLAB 程序如下。

```
>> x                    % 输入字符
未定义函数或变量 'x'。    % 运行结果显示变量未定义
>> global x             % 为变量 x 定义全局变量
```

```
>> x
x =
        [ ]              % 显示定义后的变量运行结果
```

2. 赋值

MATLAB 赋值语句有两种格式。

（1）变量=表达式

（2）表达式

其中，表达式是用运算符将有关运算量连接起来的句子。一般的，运算结果在命令行窗口中显示出来，若不想让 MATLAB 每次都显示运算结果，只需在运算式最后加上分号（;）即可。

【例 2-2】 数值赋值。

解： MATLAB 程序如下。

```
>> 145 * 25          %将数字的值赋给变量,那么此变量称为数值变量
ans =
    3625
>> x = 145 * 25
x =
    3625
```

【例 2-3】 给 x 赋值。

解： MATLAB 程序如下。

```
>> x = 1
x =
    1
>> x = 12
x =
    12
>> x
x =
    12
```

3. 预定义的变量

MATLAB 语言本身也具有一些预定义的变量，表 2-1 给出了 MATLAB 语言中经常使用的一些特殊变量。

表 2-1   MATLAB 中的特殊变量

变 量 名 称	变 量 说 明
ans	MATLAB 中默认变量
pi	圆周率
eps	浮点运算的相对精度
inf	无穷大，如 1/0
NaN	不定值，如 0/0、∞/∞、$0*\infty$

变 量 名 称	变 量 说 明
i(j)	复数中的虚数单位
realmin	最小正浮点数
realmax	最大正浮点数

【例 2-4】 显示圆周率 pi 的值。

解：MATLAB 程序如下。

```
>> pi
ans =
    3. 1416
```

这里"ans"是指当前的计算结果，若计算时用户没有对表达式设定变量，系统就自动将当前结果赋给"ans"变量。

在定义变量时应避免与常量名相同，以免改变这些常量的值。如果已经改变了某个常量的值，可以通过"clear+常量名"命令恢复该常量的初始设定值。当然，重新启动 MATLAB 也可以恢复这些常量值。

【例 2-5】 显示实数与复数的值。

解：MATLAB 程序如下。

```
>> 3
ans =
        3
>> i
ans =
    0. 0000 + 1. 0000i
>> 3i
ans =
    0. 0000 + 3. 0000i
>> 3+i
ans =
    3. 0000 + 1. 0000i
```

【例 2-6】 重定义变量 pi 值。

解：MATLAB 程序如下。

```
>>pi = 1;
>> clear pi
>> pi
ans =
    3. 1416
```

2.1.2 数据的显示格式

一般而言，在 MATLAB 中数据的存储与计算都是以双精度进行的，但有多种显示形式。在默认情况下，若数据为整数，就以整数表示；若数据为实数，则以保留小数点后 4 位的精度近似表示。

用户可以改变数字显示格式。控制数字显示格式的命令是 format，其调用格式见表 2-2。

表 2-2　format 调用格式

调　用　格　式	说　　明
format short	5 位定点表示（默认值）
format long	15 位定点表示
format short e	5 位浮点表示
format long e	15 位浮点表示
format short g	在 5 位定点和 5 位浮点中选择最好的格式表示，MATLAB 自动选择
format long g	在 15 位定点和 15 位浮点中选择最好的格式表示，MATLAB 自动选择
format hex	16 进制格式表示
format +	在矩阵中，用符号+、-和空格表示正号、负号和零
format bank	用美元与美分定点表示
format rat	以有理数形式输出结果
format compact	变量之间没有空行
format loose	变量之间有空行

【例 2-7】控制数字显示格式。

解： MATLAB 程序如下。

```
>> format long,pi
ans =
    3.141592653589793
>> format short,pi
ans =
    3.1416
>> format rat,pi
ans =
    355/113
```

2.1.3　算术运算符

MATLAB 语言的算术运算符见表 2-3。

表 2-3　MATLAB 语言的算术运算符

运　算　符	定　　义
+	算术加
-	算术减
*	算术乘
.*	点乘
^	算术乘方

运 算 符	定 义
.^	点乘方
\	算术左除
.\	点左除
/	算术右除
./	点右除
'	矩阵转置。当矩阵是复数时，求矩阵的共轭转置
.'	矩阵转置。当矩阵是复数时，不求矩阵的共轭

其中，算术运算符加减乘除及乘方与传统意义上的加减乘除及乘方类似，用法基本相同，而点乘、点乘方等运算有其特殊的一面。点运算是指元素点对点的运算，即矩阵内元素对元素之间的运算。点运算要求参与运算的变量在结构上必须是相似的。

MATLAB 的除法运算较为特殊。对于简单数值而言，算术左除与算术右除也不同。算术右除与传统的除法相同，即 $a/b = a \div b$；而算术左除则与传统的除法相反，即 $a \backslash b = b \div a$。对矩阵而言，算术右除 A/B 相当于求解线性方程 $X * A = B$ 的解；算术左除 A\B 相当于求解线性方程 $A * X = B$ 的解。点左除与点右除与上面点运算相似，是变量对应于元素进行点除。

【例 2-8】 计算 $50 \div 15 + 15 \times 6 - 8$ 值。

解：MATLAB 程序如下。

```
>>a = 50/15+15 * 6-8
>>a =
     85. 3333
>> format rat              %以有理数形式输出结果
>> a
a =
        256/3
>> format hex              % 16 进制格式表示
>> a
a =
     4055555555555555
>> format short            % 5 位定点表示(默认值)
>> a
a =
     85. 3333
```

2.1.4 关系运算符

关系运算符主要用于对矩阵与数、矩阵与矩阵进行比较，返回表示二者关系的由数 0 和 1 组成的矩阵，0 和 1 分别表示不满足和满足指定关系。

MATLAB 语言的关系运算符见表 2-4。

表 2-4　MATLAB 语言的关系运算符

运　算　符	定　　义
==	等于
~=	不等于
>	大于
>=	大于等于
<	小于
<=	小于等于

【例 2-9】计算关系运算符的值。

解：MATLAB 程序如下。

```
>> 1>2
ans =
  logical
   0
>> 1<2
ans =
  logical
   1
>> 1==0
ans =
  logical
   0
```

2.1.5　逻辑运算符

MATLAB 语言进行逻辑判断时，所有非零数值均被认为真，而零为假。在逻辑判断结果中，判断为真时输出 1，判断为假时输出 0。

MATLAB 语言的逻辑运算符见表 2-5。

表 2-5　MATLAB 语言的逻辑运算符

运　算　符	定　　义
&	逻辑与。两个操作数同时为 1 时，结果为 1，否则为 0
|	逻辑或。两个操作数同时为 0 时，结果为 0，否则为 1
~	逻辑非。当操作数为 0 时，结果为 1，否则为 0
xor	逻辑异或。两个操作数相同时，结果为 0，否则为 1

在算术、关系、逻辑 3 种运算符中，算术运算符优先级最高，关系运算符次之，而逻辑运算符优先级最低。在逻辑运算符中，"非"的优先级最高，"与"和"或"有相同的优先级。

2.1.6　数据类型函数

MATLAB 以矩阵为基本运算单元，而构成矩阵的基本单元是数据。为了更好地学习和掌握矩阵的运算，首先对数据的基本函数作简单介绍。

1. 常用的基本数学函数

MATLAB 常用的基本数学函数及三角函数见表 2-6。

表 2-6 基本数学函数与三角函数

名称	说　明	名称	说　明
abs(x)	数量的绝对值或向量的长度	sign(x)	符号函数（Signum Function）。当 x<0 时，sign(x)=-1；当 x=0 时，sign(x)=0；当 x>0 时，sign(x)=1
angle(z)	复数 z 的相角（Phase Angle）	sin(x)	正弦函数
sqrt(x)	开平方	cos(x)	余弦函数
real(z)	复数 z 的实部	tan(x)	正切函数
imag(z)	复数 z 的虚部	asin(x)	反正弦函数
conj(z)	复数 z 的共轭复数	acos(x)	反余弦函数
round(x)	四舍五入至最近整数	atan(x)	反正切函数
fix(x)	无论正负，舍去小数至最近整数	atan2(x,y)	四象限的反正切函数
floor(x)	向负无穷大方向取整	sinh(x)	超越正弦函数
ceil(x)	向正无穷大方向取整	cosh(x)	超越余弦函数
rat(x)	将实数 x 化为分数表示	tanh(x)	超越正切函数
rats(x)	将实数 x 化为多项分数展开	asinh(x)	反超越正弦函数
rem	求两整数相除的余数	acosh(x)	反超越余弦函数
sqrt	乘方、开方	atanh(x)	反超越正切函数

【例 2-10】 计算开方函数。

解： MATLAB 程序如下。

```
>> x= 95^3
x =
    857375
>> y= sqrt(x)
y =
925.9455
```

当表达式比较复杂或重复出现的次数太多时，更好的办法是先定义变量，再由变量表达式计算得到结果。

【例 2-11】 计算复数函数。

解： MATLAB 程序如下。

```
>> x=3i
x =
   0.0000 + 3.0000i
>> angle(x)
ans =
    1.5708
```

```
>> abs(x)
ans =
     3
>> sin(x)
ans =
    0.0000 +10.0179i
```

2.2 矩阵函数

本节主要介绍如何用 MATLAB 来进行"矩阵实验",即如何生成矩阵,如何对已知矩阵进行各种变换等。

2.2.1 向量的生成

本书中,在不需要强调向量的特殊性时,向量和矩阵统称为矩阵(或数组)。向量可以看成是一种特殊的矩阵,因此矩阵的运算对向量同样适用。

向量的生成有直接输入法、冒号法和利用 MATLAB 函数创建 3 种方法。

(1)直接输入法

生成向量最直接的方法就是在命令行窗口中直接输入。格式上的要求如下:

- 向量元素需要用"[ ]"括起来。
- 元素之间可以用空格、逗号或分号分隔。

说明:用空格和逗号分隔生成行向量,用分号分隔形成列向量。

(2)冒号法

基本格式是 x = first:increment:last,表示创建一个从 first 开始,到 last 结束,数据元素的增量为 increment 的向量。若增量为 1,上面创建向量的方式简写为 x = first:last。

【例 2-12】创建一个从 0 开始,增量为 2,到 10 结束的向量 x。

解:MATLAB 程序如下。

```
>> x=0:2:10
x =
     0     2     4     6     8    10
```

(3)利用函数 linspace 创建向量

linspace 通过直接定义数据元素个数,而不是通过数据元素直接的增量来创建向量。此函数的调用格式如下:

```
linspace(first_value, last_value, number)
```

该函数表示创建一个从 first_value 开始,到 last_value 结束,包含 number 个元素的向量。

【例 2-13】创建一个从 0 开始,到 10 结束,包含 6 个数据元素的向量 x。

```
>> x=linspace(0,10,6)
x =
     0     2     4     6     8    10
```

（4）利用函数 logspace 创建一个对数分隔的向量

与 linspace 一样，logspace 也通过直接定义向量元素个数，而不是数据元素之间的增量来创建数组。logspace 的调用格式如下：

```
logspace(first_value, last_value, number)
```

该函数表示创建一个从 10^{first_value} 开始，到 10^{last_value} 结束，包含 number 个数据元素的向量。

【例 2-14】创建一个从 10 开始，到 10^3 结束，包含 3 个数据元素的向量 x。

解： MATLAB 程序如下。

```
>> x=logspace(1,3,3)
x =
          10        100       1000
```

向量元素引用的方式见表 2-7。

表 2-7 向量元素引用的方式

格　式	说　明
x(n)	表示向量中的第 n 个元素
x(n1:n2)	表示向量中的第 n1 至 n2 个元素

【例 2-15】向量元素的引用示例。

解： MATLAB 程序如下。

```
>> x=[1 2 3 4 5];
>> x(1:2)
ans =
     1     2
```

2.2.2　向量运算

除此以外，向量还是矢量运算的基础，所以还有一些特殊的运算，主要包括向量的点积、叉积和混合积。

1. 向量的点积运算

在 MATLAB 中，对于向量 a、b，其点积可以利用 a'*b 得到，也可以直接用命令 dot 算出，该命令的调用格式见表 2-8。

表 2-8 dot 调用格式

调用格式	说　明
dot(a,b)	返回向量 a 和 b 的点积。需要说明的是，a 和 b 必须同维。另外，当 a、b 都是列向量时，dot(a,b) 等同于 a'*b
dot(a,b,dim)	返回向量 a 和 b 在 dim 维的点积

【例 2-16】向量的点积运算示例。

解： MATLAB 程序如下。

```
>> a=[2 4 5 3 1];
>> b=[3 8 10 12 13];
>> c=dot(a,b)
c =
    137
```

2. 向量的叉积运算

在空间解析几何学中，两个向量叉乘的结果是一个过两相交向量交点且垂直于两向量所在平面的向量。在 MATLAB 中，向量的叉积运算可由函数 cross 来实现。cross 函数调用格式见表 2-9。

表 2-9　cross 调用格式

调用格式	说　明
cross(a,b)	返回向量 a 和 b 的叉积。需要说明的是，a 和 b 必须是三维的向量
cross(a,b,dim)	返回向量 a 和 b 在 dim 维的叉积。需要说明的是，a 和 b 必须有相同的维数，size(a,dim)和 size(b,dim)的结果必须为 3

【例 2-17】 向量的叉积运算示例。

解： MATLAB 程序如下。

```
>> a=[2 3 4];
>> b=[3 4 6];
>> c=cross(a,b)
c =
    2    0    -1
```

3. 向量的混合积运算

在 MATLAB 中，向量的混合积运算可由以上两个函数（dot、cross）共同来实现。

【例 2-18】 向量的混合积运算示例。

解： MATLAB 程序如下。

```
>> a=[2 3 4];
>> b=[3 4 6];
>> c=[1 4 5];
>> d=dot(a,cross(b,c))
d =
    -3
```

上例表示，首先进行向量 b 与 c 的叉积运算，然后再把叉积的结果与向量 a 进行点积运算。

2.2.3　矩阵的生成

矩阵的生成主要有直接输入法、M 文件生成法和文本文件生成法等。

（1）直接输入法

在键盘上直接按行方式输入矩阵是最方便、最常用的创建数值矩阵的方法，尤其适合较小的简单矩阵。在用此方法创建矩阵时，应当注意以下几点。

- 输入矩阵时要以"[　]"为其标识符号，矩阵的所有元素必须都在括号内。
- 矩阵同行元素之间由空格（个数不限）或逗号分隔，行与行之间用分号或按〈Enter〉键分隔。
- 矩阵大小不需要预先定义。
- 矩阵元素可以是运算表达式。
- 若"[　]"中无元素，表示空矩阵。
- 如果不想显示中间结果，可以用";"结束。

【例 2-19】 创建一个带有运算表达式的矩阵。

解： MATLAB 程序如下。

```
>> A=[[sin(pi/3),sin(pi/4)];[sin(3),sin(6)]]
A =
        0.8660      0.7071
        0.1411     -0.2794
>>A=[sin(pi/3),sin(pi/4);sin(3),sin(6)]
A =
        0.8660      0.7071
        0.1411     -0.2794
```

在输入矩阵时，MATLAB 允许方括号里还有方括号，结果跟不加方括号是一样的。

（2）M 文件生成法

当矩阵的规模比较大时，直接输入法就显得笨拙，出差错也不易修改。为了解决这些问题，可以将所要输入的矩阵按格式先写入一文本文件中，并将此文件以 m 为其扩展名，即 M 文件。

M 文件是一种可以在 MATLAB 环境下运行的文本文件，它可以分为命令式文件和函数式文件两种。在此处主要用到的是命令式 M 文件，用它的简单形式来创建大型矩阵。在 MATLAB 命令窗中输入 M 文件名，所要输入的大型矩阵即可被输入到内存中。

M 文件中的变量名与文件名不能相同，否则会造成变量名和函数名的混乱。

【例 2-20】 编制 M 文件，包含表 2-10 中 20 位 25~34 周岁的健康女性的测量数据。

表 2-10　测量数据

受试验者 i	1	2	3	4	5	6	7	8	9	10
三头肌皮褶厚度 x_1	19.5	24.7	30.7	29.8	19.1	25.6	31.4	27.9	22.1	25.5
大腿围长 x_2	43.1	49.8	51.9	54.3	42.2	53.9	58.6	52.1	49.9	53.5
中臂围长 x_3	29.1	28.2	37	31.1	30.9	23.7	27.6	30.6	23.2	24.8
身体脂肪 y	11.9	22.8	18.7	20.1	12.9	21.7	27.1	25.4	21.3	19.3
受试验者 i	11	12	13	14	15	16	17	18	19	20
三头肌皮褶厚度 x_1	31.1	30.4	18.7	19.7	14.6	29.5	27.7	30.2	22.7	25.2
大腿围长 x_2	56.6	56.7	46.5	44.2	42.7	54.4	55.3	58.6	48.2	51
中臂围长 x_3	30	28.3	23	28.6	21.3	30.1	25.6	24.6	27.1	27.5
身体脂肪 y	25.4	27.2	11.7	17.8	12.8	23.9	22.6	25.4	14.8	21.1

解：在 M 文件编辑器中输入：

```
% healthy_women. m
% 创建一个 M 文件,用以输入大规模矩阵
measurement=[11. 9 22. 8 18. 7 20. 1 12. 9 21. 7 27. 1 25. 4 21. 3 19. 3 25. 4 27. 2 11. 7 17. 8 12. 8 23. 9
22. 6 25. 4 14. 8 21. 1;19. 5 24. 7 30. 7 29. 8 19. 1 25. 6 31. 4 27. 9 22. 1 25. 5 31. 1 30. 4 18. 7 19. 7 14. 6
29. 5 27. 7 30. 2 22. 7 25. 2;43. 1  49. 8  51. 9  54. 3  42. 2  53. 9  58. 6  52. 1  49. 9  53. 5 56. 6
56. 7 46. 5  44. 2  42. 7  54. 4  55. 3  58. 6  48. 2  51;29. 1 28. 2 37 31. 1 30. 9 23. 7 27. 6 30. 6 23. 2
24. 8 30 28. 3 23 28. 6 21. 3 30. 1 25. 6 24. 6 27. 1 27. 5]
```

以文件名"healthy_women. m"保存，然后在 MATLAB 命令行窗口中输入文件名，得到下面的结果：

```
>> healthy_women
measurement =
  1 至 7 列
   11. 9000   22. 8000   18. 7000   20. 1000   12. 9000   21. 7000   27. 1000
   19. 5000   24. 7000   30. 7000   29. 8000   19. 1000   25. 6000   31. 4000
   43. 1000   49. 8000   51. 9000   54. 3000   42. 2000   53. 9000   58. 6000
   29. 1000   28. 2000   37. 0000   31. 1000   30. 9000   23. 7000   27. 6000
  8 至 14 列
   25. 4000   21. 3000   19. 3000   25. 4000   27. 2000   11. 7000   17. 8000
   27. 9000   22. 1000   25. 5000   31. 1000   30. 4000   18. 7000   19. 7000
   52. 1000   49. 9000   53. 5000   56. 6000   56. 7000   46. 5000   44. 2000
   30. 6000   23. 2000   24. 8000   30. 0000   28. 3000   23. 0000   28. 6000
  15 至 20 列
   12. 8000   23. 9000   22. 6000   25. 4000   14. 8000   21. 1000
   14. 6000   29. 5000   27. 7000   30. 2000   22. 7000   25. 2000
   42. 7000   54. 4000   55. 3000   58. 6000   48. 2000   51. 0000
   21. 3000   30. 1000   25. 6000   24. 6000   27. 1000   27. 5000
```

（3）文本文件生成法

MATLAB 中的矩阵还可以由文本文件创建，即在文件夹（通常为 work 文件夹）中建立 txt 文件，在命令窗口中直接调用此文件名即可。

【例 2-21】用文本文件创建矩阵 x，x 矩阵如下。

```
x =  1    2    3
     4    5    6
     7    8    10
```

解：在记事本中建立文件：

```
1    2    3
4    5    6
7    8    10
```

并以 wenben. txt 保存，在 MATLAB 命令行窗口中输入：

```
>> loadwenben. txt
>>wenben
data =
```

```
1    2    3
4    5    6
7    8    10
```

2.2.4　特殊矩阵

在工程计算以及理论分析中，经常会遇到一些特殊的矩阵，如全 0 矩阵、单位矩阵、随机矩阵等。对于这些矩阵，在 MATLAB 中都有相应的命令可以直接生成。

常用的特殊矩阵生成命令见表 2-11。

表 2-11　特殊矩阵生成命令

命 令 名	说 明
zeros(m)	生成 m 阶全 0 矩阵
zeros(m,n)	生成 m 行 n 列全 0 矩阵
zeros(size(A))	创建与矩阵 A 维数相同的全 0 矩阵
eye(m)	生成 m 阶单位矩阵
eye(m,n)	生成 m 行 n 列单位矩阵
eye(size(A))	创建与矩阵 A 维数相同的单位矩阵
ones(m)	生成 m 阶全 1 矩阵
ones(m,n)	生成 m 行 n 列全 1 矩阵
ones(size(A))	创建与矩阵 A 维数相同的全 1 矩阵
rand(m)	在 [0,1] 区间内生成 m 阶均匀分布的随机矩阵
rand(m,n)	生成 m 行 n 列均匀分布的随机矩阵
rand(size(A))	在 [0,1] 区间内创建一个与矩阵 A 维数相同的均匀分布的随机矩阵
magic(n)	生成 n 阶魔方矩阵
hilb(n)	生成 n 阶希尔伯特（Hilbert）矩阵
invhilb(n)	生成 n 阶逆希尔伯特（Hilbert）矩阵
compan(P)	创建系数向量是 P 的多项式的伴随矩阵
diag(v)	创建以向量 v 中的元素为对角的对角阵
sparse(A)	创建稀疏矩阵

【例 2-22】特殊矩阵生成示例。

解：在 MATLAB 命令行窗口中输入以下命令。

```
>> zeros(3)
ans =
    0    0    0
    0    0    0
    0    0    0
>> zeros(3,2)
ans =
    0    0
    0    0
    0    0
```

```
>> ones(3,2)
ans =
    1    1
    1    1
    1    1
>> ones(3)
ans =
    1    1    1
    1    1    1
    1    1    1
>> rand(3)
ans =
    0.8147    0.9134    0.2785
    0.9058    0.6324    0.5469
    0.1270    0.0975    0.9575
>> rand(3,2)
ans =
    0.9649    0.9572
    0.1576    0.4854
    0.9706    0.8003
>> magic(3)
ans =
    8    1    6
    3    5    7
    4    9    2
>>hilb(3)
ans =
    1.0000    0.5000    0.3333
    0.5000    0.3333    0.2500
    0.3333    0.2500    0.2000
>>invhilb(3)
ans =
    9    -36    30
  -36    192  -180
   30   -180   180
```

【例 2-23】 生成稀疏矩阵。

解: 在 MATLAB 命令行窗口中输入以下命令。

```
>> S=sparse(1:10,1:10,1:10)
S =
(1,1)        1
(2,2)        2
(3,3)        3
(4,4)        4
(5,5)        5
(6,6)        6
(7,7)        7
```

```
(8,8)          8
(9,9)          9
(10,10)       10
>> S=sparse(1:10,1:10,5)
S =
(1,1)          5
(2,2)          5
(3,3)          5
(4,4)          5
(5,5)          5
(6,6)          5
(7,7)          5
(8,8)          5
(9,9)          5
(10,10)        5
```

在 MATLAB 中，利用 gallery 生成测试矩阵，它的调用格式见表 2-12。

表 2-12　gallery 命令的调用格式

调 用 格 式	说　　明
[A,B,C,…] = gallery(matname,P1,P2,.)	返回 matname，指定的测试矩阵 P1，P2，…是单个矩阵系列所需的输入参数。调用语法中使用的可选参数 P1，P2，…的数目因矩阵而异
[A,B,C,…] = gallery(matname,P1,P2,…,classname)	生成一个 classname 类的矩阵，classname 输入必须为'single'或'double'

【例 2-24】 生成柯西矩阵。

解： 在 MATLAB 命令行窗口中输入以下命令。

```
>> x=1:10;
>> y=1:10;
>> C=gallery('cauchy',x,y)
C =

  1 至 7 列

    0.5000    0.3333    0.2500    0.2000    0.1667    0.1429    0.1250
    0.3333    0.2500    0.2000    0.1667    0.1429    0.1250    0.1111
    0.2500    0.2000    0.1667    0.1429    0.1250    0.1111    0.1000
    0.2000    0.1667    0.1429    0.1250    0.1111    0.1000    0.0909
    0.1667    0.1429    0.1250    0.1111    0.1000    0.0909    0.0833
    0.1429    0.1250    0.1111    0.1000    0.0909    0.0833    0.0769
    0.1250    0.1111    0.1000    0.0909    0.0833    0.0769    0.0714
    0.1111    0.1000    0.0909    0.0833    0.0769    0.0714    0.0667
    0.1000    0.0909    0.0833    0.0769    0.0714    0.0667    0.0625
    0.0909    0.0833    0.0769    0.0714    0.0667    0.0625    0.0588

  8 至 10 列
```

0. 1111	0. 1000	0. 0909
0. 1000	0. 0909	0. 0833
0. 0909	0. 0833	0. 0769
0. 0833	0. 0769	0. 0714
0. 0769	0. 0714	0. 0667
0. 0714	0. 0667	0. 0625
0. 0667	0. 0625	0. 0588
0. 0625	0. 0588	0. 0556
0. 0588	0. 0556	0. 0526
0. 0556	0. 0526	0. 0500

【例 2-25】 生成对称矩阵。

解：在 MATLAB 命令行窗口中输入以下命令。

```
>> c = linspace(0,10,6);
>> A = gallery('fiedler',c)
A =
     0     2     4     6     8    10
     2     0     2     4     6     8
     4     2     0     2     4     6
     6     4     2     0     2     4
     8     6     4     2     0     2
    10     8     6     4     2     0
```

【例 2-26】 生成豪斯霍尔德矩阵。

解：在 MATLAB 命令行窗口中输入以下命令。

```
>> x = linspace(0,10,5);
>>[v,beta,s] = gallery('house',x',0)
v =
    13. 6931
     2. 5000
     5. 0000
     7. 5000
    10. 0000
beta =
     0. 0053
s =
   -13. 6931
```

2.2.5 矩阵元素函数

矩阵建立起来之后，还需要对其元素进行引用、修改。表 2-13 列出矩阵元素的引用格式，表 2-14 列出了常用的矩阵元素修改命令。

表 2-13 矩阵元素的引用格式

格　式	说　明
X(m,:)	表示矩阵中第 m 行的元素

格　式	说　明
X(:,n)	表示矩阵中第 n 列的元素
X(m,n1:n2)	表示矩阵中第 m 行中第 n1 至 n2 个元素

表 2-14　矩阵元素修改命令

命　令　名	说　明
D=[A;B C]	A 为原矩阵，B、C 中包含要扩充的元素，D 为扩充后的矩阵
A(m,:)=[ ]	删除矩阵 A 的第 m 行
A(:,n)=[ ]	删除矩阵 A 的第 n 列
A(m,n)=a; A(m,:)=[a b…]; A(:,n)=[a b…]	对矩阵 A 的第 m 行第 n 列的元素赋值；对矩阵 A 的第 m 行赋值；对矩阵 A 的第 n 列赋值

【例 2-27】矩阵元素的引用。

解：在 MATLAB 命令行窗口中输入以下命令。

```
>> x=[1 1 0;1 5 0;1 8 0];
x(:,1)
ans =
     1
     1
     1
>> x(:,3)
ans =
     0
     0
     0
>> x(1,2:3)
ans =
     1     0
```

【例 2-28】矩阵的修改。

解：在 MATLAB 命令行窗口中输入以下命令。

```
>> A=hilb(4)
A =
    1.0000    0.5000    0.3333    0.2500
    0.5000    0.3333    0.2500    0.2000
    0.3333    0.2500    0.2000    0.1667
    0.2500    0.2000    0.1667    0.1429
>> A(3,:)=[ ]                  % 删除矩阵第三行
A =
    1.0000    0.5000    0.3333    0.2500
    0.5000    0.3333    0.2500    0.2000
    0.2500    0.2000    0.1667    0.1429
>> A(:,3)=[ ]                  % 删除矩阵第三列
```

```
A =
    1.0000    0.5000    0.2500
    0.5000    0.3333    0.2000
    0.2500    0.2000    0.1429
>> B=eye(2);
>> C=zeros(2,1);
>> D=[A;B C]              % 扩充矩阵
D =
    1.0000    0.5000    0.2500
    0.5000    0.3333    0.2000
    0.2500    0.2000    0.1429
    1.0000         0         0
         0    1.0000         0
```

对矩阵元素修改的特例包括对角元素和上（下）三角阵的抽取，在 MATLAB 中有其专用的命令。对角矩阵和三角矩阵的抽取命令见表 2-15。

表 2-15　对角矩阵和三角矩阵的抽取命令

命 令 名	说 明
diag(X,k)	抽取矩阵 X 的第 k 条对角线上的元素向量。k 为 0 时即抽取主对角线，k 为正整数时抽取上方第 k 条对角线上的元素，k 为负整数时抽取下方第 k 条对角线上的元素
diag(X)	抽取矩阵 X 的主对角线
diag(v,k)	使得 v 为所得矩阵第 k 条对角线上的元素向量
diag(v)	使得 v 为所得矩阵主对角线上的元素向量
tril(X)	提取矩阵 X 的主下三角部分
tril(X,k)	提取矩阵 X 的第 k 条对角线下面的部分（包括第 k 条对角线）
triu(X)	提取矩阵 X 的主上三角部分
triu(X,k)	提取矩阵 X 的第 k 条对角线上面的部分（包括第 k 条对角线）

【例 2-29】矩阵抽取示例。

解： MATLAB 程序如下。

```
>> A=magic(4)
A =
    16     2     3    13
     5    11    10     8
     9     7     6    12
     4    14    15     1
>> v=diag(A,2)
v =
     3
     8
>> tril(A,-1)
ans =
     0     0     0     0
     5     0     0     0
```

```
      9      7      0      0
      4     14     15      0
>> triu(A)
ans =
     16      2      3     13
      0     11     10      8
      0      0      6     12
      0      0      0      1
```

不但矩阵元素可以引用修改，矩阵的维度和方向号也可以进行变换。常用的矩阵变维命令见表 2-16，常用的矩阵变向命令见表 2-17。

表 2-16　矩阵变维命令

命　令　名	说　　　明
C(:)=A(:)	将矩阵 A 转换成矩阵 C 的维度，矩阵 A、C 元素个数必须相同
reshape(X,m,n)	将已知矩阵变维成 m 行 n 列的矩阵

表 2-17　矩阵变向命令

命　令　名	说　　　明
rot90(A)	将矩阵 A 逆时针方向旋转 90°
rot90(A,k)	将矩阵 A 逆时针方向旋转 90° * k，k 可为正整数或负整数
fliplr(X)	将矩阵 X 左右翻转
flipud(X)	将矩阵 X 上下翻转
flipdim(X,dim)	dim = 1 时对行翻转，dim = 2 时对列翻转

【例 2-30】 矩阵的变维示例。

解： 在 MATLAB 命令行窗口中输入以下命令。

```
>> A = 1:12;
>> B = reshape(A,2,6)
B =
      1      3      5      7      9     11
      2      4      6      8     10     12
>> C = zeros(3,4);        %用";"必须先设定修改后矩阵的形状
>> C(:) = A(:)
C =
      1      4      7     10
      2      5      8     11
      3      6      9     12
```

【例 2-31】 将例 2-30 的运行结果矩阵 C 进行变向，其中：

```
C =
      1      4      7     10
      2      5      8     11
      3      6      9     12
```

提示：执行例 2-30 运行结果后，不清除工作区，则运行结果还显示在工作区，不需要

重新输入矩阵，直接进行变向运算。

解：在 MATLAB 命令行窗口中输入以下命令。

```
>> flipdim(C,1)
ans =
     3     6     9    12
     2     5     8    11
     1     4     7    10
>> flipdim(C,2)
ans =
    10     7     4     1
    11     8     5     2
    12     9     6     3
```

2.2.6 矩阵运算

本小节主要介绍矩阵的一些基本运算，如矩阵的四则运算、求矩阵行列式、求矩阵的秩、求矩阵的逆、求矩阵的迹，以及求矩阵的条件数与范数等。下面将分别介绍这些运算。

1. 矩阵的基本运算

矩阵的基本运算包括加、乘、数乘、求逆等。其中加、减、乘与大家所学的线性代数中的定义是一样的，相应的运算符为"+""–""*"，而矩阵的除法运算是 MATLAB 所特有的，分为左除和右除，相应运算符为"\"和"/"。一般情况下，X=A\B 是方程 A*X=B 的解，而 X=A/B 是方程 X*A=B 的解。

对于上述的四则运算，需要注意的是：矩阵的加、减、乘运算的维数要求与线性代数中的要求一致，计算左除 A\B 时，A 的行数要与 B 的行数一致，计算右除 A/B 时，A 的列数要与 B 的列数一致。下面来看一个例子。

【例2-32】 矩阵的基本运算示例。

解：MATLAB 程序如下。

```
>> A=[13 8 9;10 3 13;7 9 5];
>> B=[8 13 9;2 18 1;3 9 1];
>> A*B
ans =
    147   394   134
    125   301   106
     89   298    77
>> A.*B
ans =
    104   104    81
     20    54    13
     21    81     5
>> A.\B
ans =
    0.6154    1.6250    1.0000
    0.2000    6.0000    0.0769
    0.4286    1.0000    0.2000
```

```
>> inv(A)
ans =
     0.2706   -0.1088   -0.2042
    -0.1088   -0.0053    0.2095
    -0.1830    0.1618    0.1088
```

另外，常用的运算还有指数函数、对数函数、平方根函数等。用户可查看相应的帮助获得使用方法和相关信息。

2. 基本的矩阵函数

常用的矩阵函数见表2-18。

表 2-18　MATLAB 常用矩阵函数

函数名	说　　明	函数名	说　　明
cond	矩阵的条件数值	diag	对角变换
condest	1-范数矩阵条件数值	exmp	矩阵的指数运算
det	矩阵的行列式值	logm	矩阵的对数运算
eig	矩阵的特征值	sqrtm	矩阵的开方运算
inv	矩阵的逆	cdf2rdf	复数对角矩阵转换成实数块对角矩阵
norm	矩阵的范数值	rref	转换成逐行递减的阶梯矩阵
normest	矩阵的2-范数值	rsf2csf	实数块对角矩阵转换成复数对角矩阵
rank	矩阵的秩	rot90	矩阵逆时针方向旋转90°
orth	矩阵的正交化运算	fliplr	左、右翻转矩阵
rcond	矩阵的逆条件数值	flipud	上、下翻转矩阵
trace	矩阵的迹	reshape	改变矩阵的维数
triu	上三角变换	funm	一般的矩阵函数
tril	下三角变换		

矩阵的条件数在数值分析中是一个重要的概念，在工程计算中也是必不可少的，它用于刻画一个矩阵的"病态"程度。

对于非奇异矩阵 A，其条件数的定义为

$$\mathrm{cond}(A)_v = \| A^{-1} \|_v \| A \|_v, \quad \text{其中} \ v = 1, 2, \cdots, F。$$

它是一个大于或等于1的实数，当 A 的条件数相对较大，即 $\mathrm{cond}(A)_v \gg 1$ 时，矩阵 A 是"病态"的，反之是"良态"的。

范数是数值分析中的一个概念，它是向量或矩阵大小的一种度量，在工程计算中有着重要的作用。对于向量 $x \in R^n$，常用的向量范数有以下几种。

● x 的 ∞-范数：$\| x \|_\infty = \max\limits_{1 \leq i \leq n} | x_i |$.

● x 的 1-范数：$\| x \|_1 = \sum\limits_{i=1}^{n} | x_i |$.

- x 的 2-范数（欧氏范数）：$\| \boldsymbol{x} \|_2 = (\boldsymbol{x}^{\mathrm{T}}\boldsymbol{x})^{\frac{1}{2}} = \left(\sum\limits_{i=1}^{n} \boldsymbol{x}_i^2 \right)^{\frac{1}{2}}$.

- x 的 p-范数：$\| \boldsymbol{x} \|_p = \left(\sum\limits_{i=1}^{n} | \boldsymbol{x}_i |^p \right)^{\frac{1}{p}}$.

对于矩阵 $\boldsymbol{A} \in \boldsymbol{R}^{m \times n}$，常用的矩阵范数有以下几种。

- A 的行范数（∞-范数）：$\| \boldsymbol{A} \|_{\infty} = \max\limits_{1 \leqslant i \leqslant m} \sum\limits_{j=1}^{n} | a_{ij} |$.

- A 的列范数（1-范数）：$\| \boldsymbol{A} \|_1 = \max\limits_{1 \leqslant j \leqslant n} \sum\limits_{i=1}^{m} | a_{ij} |$.

- A 的欧氏范数（2-范数）：$\| \boldsymbol{A} \|_{\infty} = \sqrt{\lambda_{\max}(\boldsymbol{A}^{\mathrm{T}}\boldsymbol{A})}$，其中 $\lambda_{\max}(\boldsymbol{A}^{\mathrm{T}}\boldsymbol{A})$ 表示 $\boldsymbol{A}^{\mathrm{T}}\boldsymbol{A}$ 的最大特征值 。

- A 的 Forbenius 范数（F-范数）：$\| \boldsymbol{A} \|_F = \left(\sum\limits_{i=1}^{m} \sum\limits_{j=1}^{n} a_{ij}^2 \right)^{\frac{1}{2}} = \mathrm{trace}(\boldsymbol{A}^{\mathrm{T}}\boldsymbol{A})^{\frac{1}{2}}$.

【例 2-33】 常用的矩阵函数示例。

解： MATLAB 程序如下。

```
>> A = magic(4);
>>   norm(A)
ans =
        34
>> normest(A)
ans =
     34
>> det(A)
ans =
    -1.4495e-12
```

2.3 操作实例——矩阵更新

在编写算法或处理工程、优化等问题时，经常会碰到一些矩阵更新的情况，这时读者必须弄清楚矩阵的更新步骤，这样才能编写出相应的更新算法。

已知矩阵 $\boldsymbol{A} = \begin{pmatrix} 1 & 2 & 3 & 4 \\ 5 & 6 & 1 & 0 \\ 0 & 1 & 1 & 0 \\ 1 & 1 & 2 & 3 \end{pmatrix}$，$\boldsymbol{b} = \begin{pmatrix} 1 \\ 0 \\ 1 \\ 0 \end{pmatrix}$，求 $\boldsymbol{A}^{-1}$，并在 $\boldsymbol{A}^{-1}$ 的基础上求矩阵 $\boldsymbol{A}$ 的第 2 列被 $\boldsymbol{b}$ 替换后的逆矩阵。

解： 首先来分析一下上述问题：设 $\boldsymbol{A} = [\boldsymbol{a}_1 \quad \boldsymbol{a}_2 \quad \cdots \quad \boldsymbol{a}_p \quad \cdots \quad \boldsymbol{a}_n]$，设其逆为 $\boldsymbol{A}^{-1}$，则有 $\boldsymbol{A}^{-1}\boldsymbol{A} = [\boldsymbol{A}^{-1}\boldsymbol{a}_1 \quad \boldsymbol{A}^{-1}\boldsymbol{a}_2 \quad \cdots \quad \boldsymbol{A}^{-1}\boldsymbol{a}_p \quad \cdots \quad \boldsymbol{A}^{-1}\boldsymbol{a}_n] = \boldsymbol{I}$。设 $\boldsymbol{A}$ 的第 p 列 $\boldsymbol{a}_p$ 被列向量 $\boldsymbol{b}$ 替换后的矩阵为 $\overline{\boldsymbol{A}}$，即 $\overline{\boldsymbol{A}} = [\boldsymbol{a}_1 \quad \cdots \quad \boldsymbol{a}_{p-1} \quad \boldsymbol{b} \quad \boldsymbol{a}_{p+1} \quad \cdots \quad \boldsymbol{a}_n]$。令 $\boldsymbol{d} = \boldsymbol{A}^{-1}\boldsymbol{b}$，则有：

$$\boldsymbol{A}^{-1}\overline{\boldsymbol{A}} = [\boldsymbol{A}^{-1}\boldsymbol{a}_1 \quad \cdots \quad \boldsymbol{A}^{-1}\boldsymbol{a}_{p-1} \quad \boldsymbol{A}^{-1}\boldsymbol{b} \quad \boldsymbol{A}^{-1}\boldsymbol{a}_{p+1} \quad \cdots \quad \boldsymbol{A}^{-1}\boldsymbol{a}_n]$$

$$= \begin{pmatrix} 1 & & & d_1 & & & & \\ & 1 & & d_2 & & & & \\ & & \ddots & \vdots & & & & \\ & & & d_p & & & & \\ & & & d_{p+1} & 1 & & & \\ & & & \vdots & & \ddots & & \\ & & & d_{n-1} & & & 1 & \\ & & & d_n & & & & 1 \end{pmatrix}$$

如果 $d_p \neq 0$，则可以通过初等行变换将上式的右端化为单位矩阵，然后将相应的变换作用到 $\boldsymbol{A}^{-1}$，那么得到的矩阵即为 $\boldsymbol{A}^{-1}$ 的更新。行变换矩阵为

$$\boldsymbol{P} = \begin{pmatrix} 1 & & -d_1/d_p & & \\ & \ddots & \vdots & & \\ & & d_p^{-1} & & \\ & & \vdots & \ddots & \\ & & -d_n/d_p & & 1 \end{pmatrix}$$

1. 编写矩阵更新函数

```
function invA = updateinv( invA,p,b)
% 此函数用来计算 A 中的第 p 列 a_p 被另一列 b 代替后,其逆的更新

[n,n] = size( invA) ;
d = invA * b;
if abs( d( p) ) <eps        %若 d( p) = 0 则说明替换后的矩阵是奇异的
    warning('替换后的矩阵是奇异的！') ;
    newinvA = [ ] ;
    return ;
else
    % 对 A 的逆做相应的行变换
    invA( p,:) = invA( p,:) /d( p) ;
    if p>1
        for i = 1:p-1
            invA( i,:) = invA( i,:) -d( i) * invA( p,:) ;
        end
    end
    if p<n
        for i = p+1:n
            invA( i,:) = invA( i,:) -d( i) * invA( p,:) ;
        end
    end
end
```

2. 输入矩阵参数，调用函数

```
>> A = [1 2 3 4;5 6 1 0;0 1 1 0;1 1 2 3];
>> b = [1 0 1 0]';
```

```
>> invA = inv(A)
invA =
   -1.5000      0.1000      0.4000      2.0000
    1.5000      0.1000     -0.6000     -2.0000
   -1.5000     -0.1000      1.6000      2.0000
    1.0000           0     -1.0000     -1.0000
>> newinvA = updateinv(invA,2,b)
newinvA =
    0.3333      0.2222     -0.3333     -0.4444
    1.6667      0.1111     -0.6667     -2.2222
   -1.6667     -0.1111      1.6667      2.2222
    1.0000           0     -1.0000     -1.0000
```

3. 验证结果

```
>> A(:,2) = b          %显示 A 的第 2 列被 b 替换后的矩阵
A =
     1      1      3      4
     5      0      1      0
     0      1      1      0
     1      0      2      3
>> inv(A)              %求新矩阵的逆
ans =
    0.3333      0.2222     -0.3333     -0.4444
    1.6667      0.1111     -0.6667     -2.2222
   -1.6667     -0.1111      1.6667      2.2222
    1.0000           0     -1.0000     -1.0000
```

经验证，求逆结果是一样的，newinvA 函数编写正确。

2.4 课后习题

1. 如何清空 MATLAB 变量的值？

2. 练习指数数字 3E6 的显示。

3. 练习直接赋值与变量赋值的不同之处。

4. 编制一个名为 DJZ.m 的 M 文件。

其中，A = [378 89 90   83 382 92 29；

3829 32 9283 2938 378 839 29；

388 389 200 923 920 92 7478；

3829 892 66 89 90 56 8980；

7827 67 890 6557 45   123 35]

5. 创建一个从 10 开始，到 211 结束，包含 4 个数据元素的向量 x。

6. 创建包含复数的矩阵 A。

其中，$A = \begin{pmatrix} 1 & 1+i & 2 \\ 2 & 3+2i & 1 \end{pmatrix}$。

第3章 程序设计

在 MATLAB 无法利用系统提供特有的函数功能解决复杂的科学计算、工程设计问题时，需要编写专门的程序，也就是本章主要讲解的内容——M 文件。它可以解决在很多情况下利用函数无法解决或者解决方法过于烦琐的复杂问题。本节以 M 文件为基础，详细介绍程序的基本编写流程。

3.1 M 文件

在实际应用中，直接在命令行窗口中输入简单的命令无法满足用户的所有需求，因此 MATLAB 提供了另一种工作方式，即利用 M 文件编程。本节就主要介绍这种工作方式。

M 文件因其扩展名为 .m 而得名，它是一个标准的文本文件，因此可以在任何文本编辑器中进行编辑、存储、修改和读取。M 文件的语法类似于一般的高级语言，是一种程序化的编程语言，但它又比一般的高级语言简单，且程序容易调试、交互性强。MATLAB 在初次运行 M 文件时会将其代码装入内存，再次运行该文件时会直接从内存中取出代码，因此会大大加快程序的运行速度。

M 文件有两种形式：一种是命令文件［有的书中也叫脚本文件（Script）］，另一种是函数文件（Function）。下面分别来了解一下两种形式。

3.1.1 命令文件

在实际应用中，如果要输入较多的命令，且需要经常重复输入时，就可以利用 M 文件来实现。需要运行这些命令时，只需在命令行窗口中输入 M 文件的文件名，系统会自动逐行地运行 M 文件中的命令。命令文件中的语句可以直接访问 MATLAB 工作区（Workspace）中的所有变量，且在运行过程中所产生的变量均是全局变量。这些变量一旦生成，就一直保存在内存中，用 clear 命令可以将它们清除。

M 文件可以在任何文本编辑器中进行编辑，MATLAB 也提供了相应的 M 文件编辑器。可以在命令行窗口中输入"edit"，直接进入 M 文件编辑器；也可依次选择 File→New→M-File 命令，或直接单击工具栏上的 图标，进入 M 文件编辑器。

【例 3-1】编写矩阵的加法文件。

解：1）在命令行窗口中输入"edit"直接进入 M 文件编辑器，并将其保存为"jiafa. m"。

2）在 M 文件编辑器中输入程序，创建简单矩阵及加法运算。

```
A=[1 5 6;34 -45 7;8 7 90];          %输入矩阵 A
B=[1 -2 6;2 8 74;9 3 60];
C=A+B
```

结果如图 3-1 所示。

图 3-1　输入程序

3）在 MATLAB 命令行窗口中输入文件名，得到下面的结果。

```
>>jiafa
C =
     2     3    12
    36   -37    81
    17    10   150
```

在工作区显示变量值，如图 3-2 所示。

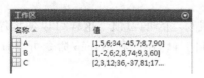

图 3-2　工作区变量

📖 **说明：** M 文件中的符号"%"用来对程序进行注释，而在实际运行时并不执行，这相当于 Basic 语言中的"\"或 C 语言中的"/*"和"*/"。编辑完文件后，一定要将其保存在当前工作路径下。

3.1.2　函数文件

函数文件的第一行一般都以 function 开始，它是函数文件的标志。函数文件是为了实现某种特定功能而编写的，例如，MATLAB 工具箱中的各种命令实际上都是函数文件，由此可见函数文件在实际应用中的作用。

函数文件与命令文件的主要区别在于：函数文件一般都要带有参数，都要有返回值（有一些函数文件不带参数和返回值），而且函数文件要定义函数名；命令文件一般不需要带参数和返回值（有的命令文件也带参数和返回值），且其中的变量在执行后仍会保存在内存中，直到被 clear 命令清除；而函数文件的变量仅在函数的运行期间有效，一旦函数运行完毕，其所定义的一切变量都会被系统自动清除。

【例 3-2】分段函数。

编写一个求分段函数 $f(x)=\begin{cases} 0 & x<-1 \\ x & -1\leqslant x\leqslant 1 \\ x^3 & x>1 \end{cases}$ 的程序，并用它来求 $f(0)$ 的值。

解：1）创建函数文件 f.m。

```
function y=f(x)
%此函数用来求分段函数 f(x)的值
%当 x<-1 时,f(x)=0;
%当-1<=x<=1 时,f(x)=x;
%当 x>1 时,f(x)=x^3;
    if x<-1
    y=0;
elseif (x>=-1)&(x<=1)
    y=x;
else
    y=x^3;
end
```

2）求 $f(0)$。

```
>> y=f(0)
y =
    0
```

在编写函数文件时要养成写注释的习惯，这样可以使程序更加清晰，别人更容易看明白，同时也对后面的维护起到向导作用。利用 help 命令可以查到关于函数的一些注释信息。例如：

```
>> helpf
此函数用来求分段函数 f(x)的值
    当 x<-1 时,f(x)=0;
    当-1<=x<=1 时,f(x)=x;
    当 x>1 时,f(x)=x^3;
```

📖 **注意**：在使用 help 命令时需要注意，它只能显示 M 文件注释语句中的第一个连续块，而与第一个连续块被空行或其他语句所隔离的注释语句将不会显示出来。lookfor 命令同样可以显示一些注释信息，不过它显示的只是文件的第一行注释。因此在编写 M 文件时，应养成在第一行注释中尽可能多地包含函数特征信息的习惯。

在编辑函数文件时，MATLAB 也允许对函数进行嵌套调用和递归调用。被调用的函数必须为已经存在的函数，这包括 MATLAB 的内部函数以及用户自己编写的函数。下面分别来看一下两种调用格式。

（1）函数的嵌套调用

所谓函数的嵌套调用，即指一个函数文件可以调用任意其他函数，被调用的函数还可以继续调用其他函数，这样一来可以大大降低函数的复杂性。

【例3-3】 编写复数的加法函数。

解：1）在"主页"选项卡下单击"新建"按钮，在下拉菜单中选择"函数"命令，或按〈Ctrl+N〉键，打开函数文件编辑器，并将其保存为"fushu.m"。

在 M 文件编辑器中输入程序，创建两个简单矩阵。

```
function [ c,d ] =fushu( a,b )
%输入两个复数
%验证复数的加法是否遵循交换律
c=a+b;
d=b+a;
c,d
end
```

2）在 MATLAB 命令行窗中输入变量值，再输入文件名，得到下面的结果。

```
>>fushu(a,b)
c =
    4.0000 - 2.0000i
d =
    4.0000 - 2.0000i
ans =
    4.0000 - 2.0000i
```

（2）函数的递归调用

所谓函数的递归调用，即指在调用一个函数的过程中直接或间接地调用函数本身。这种用法在解决很多实际问题时是非常有效的，但用不好的话，容易导致死循环。因此，一定要掌握跳出递归的语句，这需要读者平时多多练习并注意积累经验。

【例3-4】 阶乘函数。

利用函数的递归调用编写求阶乘的函数。

解：MATLAB 程序如下。

创建函数文件 factorial.m。

```
function s=factorial(n)
%此函数利用递归来求阶乘
%参数 n 为任意非负整数
if n<0
%若用户将输入参数误写成负值,则报错
    disp('输入参数不能为负值! ');
    return;
end
if n==0|n==1
    s=1;
else
    s=n*factorial(n-1);              %对函数本身进行递归调用
end
```

利用这个函数求 10！的程序如下。

```
>> s=factorial(10)
s =
    3628800
```

📖 **注意**：M 文件的文件名或 M 函数的函数名应尽量避免与 MATLAB 的内置函数和工具箱中的函数重名，否则可能会在程序执行中出现错误；M 函数的文件名必须与函数名一致。

3.1.3　文件函数

在 MATLAB 中使用 fopen 函数打开文件或获得有关打开文件的信息。

fopen 命令的调用格式见表 3-1。

表 3-1　fopen 命令的调用格式

调用格式	说　明
fileID = fopen(filename)	打开文件 filename 以便以二进制读取形式进行访问，并返回等于或大于 3 的整数文件标识符。如果 fopen 无法打开文件，则 fileID 为 -1
fileID = fopen(filename, permission)	将打开由 permission 指定访问类型的文件
fileID = fopen(filename, permission, machinefmt, encodingIn)	使用 machinefmt 参数另外指定在文件中读写字节或位时的顺序
[fileID, errmsg] = fopen(⋯)	如果 fopen 打开文件失败，则返回一条因系统而异的错误消息。否则，errmsg 是一个空字符向量
fIDs = fopen('all')	返回包含所有打开文件的文件标识符的行向量
filename = fopen(fileID)	返回上一次调用 fopen 在打开 fileID 指定的文件时所使用的文件名
[filename, permission, machinefmt, encodingOut] = fopen(fileID)	返回上一次调用 fopen 在打开指定文件时所使用的权限、计算机格式以及编码

在表 3-2 中显示表示文件类型的字符。

表 3-2　文件类型

'r'	打开要读取的文件
'w'	打开或创建要写入的新文件，覆盖现有内容
'a'	打开或创建要写入的新文件，追加数据到文件末尾
'r+'	打开要读写的文件
'w+'	打开或创建要读写的新文件，覆盖现有内容
'a+'	打开或创建要读写的新文件，追加数据到文件末尾
'A'	打开文件以追加（但不自动刷新）当前输出缓冲区
'W'	打开文件以写入（但不自动刷新）当前输出缓冲区

要以文本模式打开文件，请将字母 t 附加到 permission 参数，例如'rt 或'wt+'。

在 MATLAB 中使用 fclose 函数关闭文件。

fclose 命令的调用格式见表 3-3。

表 3-3　fclose 命令的调用格式

调 用 格 式	说　　明
fclose(fileID)	关闭打开的文件
fclose('all')	关闭所有打开的文件
status = fclose(⋯)	当关闭操作成功时，返回 status 0。否则，将返回 −1

在 MATLAB 中使用 frewind 函数重新返回文件第一行。

frewind 命令的调用格式见表 3-4。

表 3-4　frewind 命令的调用格式

调 用 格 式	说　　明
frewind(fileID)	将文件位置指针设置到文件的开头

【例 3-5】 文件的读取。

解： 在 MATLAB 命令行窗口中输入如下命令。

```
>> fid = fopen('english. txt')          % 打开文件
fid =
    5
>>fgetl(fid)                            %使用 fgetl 读取文件的第一行
ans =
    'Only those who capture the moment are real'
>>fgetl(fid)                            %使用 fgetl 读取文件的第二行
ans =
    'Life is too short for long−term grudges'
>>fgetl(fid)                            %使用 fgetl 读取文件的第三行
ans =
    'Refrain from excess'
>>frewind(fid)                          % 将文件位置指针设置到文件的开头
>>fgetl(fid)                            % 使用 fgetl 读取文件
ans =
    'Only those who capture the moment are real'   % 读取文件第一行
>> fclose(fid);                         %关闭文件
```

在 MATLAB 中使用 fgetl 函数读取文件中的行，并删除换行符。

fgetl 命令的调用格式见表 3-5。

表 3-5　fgetl 命令的调用格式

调 用 格 式	说　　明
tline =fgetl(fileID)	返回指定文件中的下一行，并删除换行符

【例 3-6】 文件的打开与关闭

解： 在 MATLAB 命令行窗口中输入如下命令。

```
>> fid = fopen('f. m')       % 打开文件
fid =
    5
>>fgetl(fid)                 %使用 fgetl 读取文件的第一行
ans =
```

```
        'function y = f( x )'
>> fclose( fid );                    %关闭文件
>>fgetl( fid )                       %使用 fgetl 读取关闭文件的第一行
错误使用 fgets
文件标识符无效。使用 fopen 生成有效的文件标识符。
出错 fgetl ( line 32 )
[ tline, lt ] = fgets( fid );
```

在 MATLAB 中使用 fprintf 函数将数据写入文本文件。

fprintf 命令的调用格式见表 3-6。

表 3-6　fprintf 命令的调用格式

调用格式	说　　明
fprintf(fileID, formatSpec, A1, ⋯, An)	按列顺序将 formatSpec 应用于数组 A1, ⋯, An 的所有元素，并将数据写入到一个文本文件
fprintf(formatSpec, A1, ⋯, An)	设置数据的格式并在屏幕上显示结果
nbytes = fprintf(⋯)	返回 fprintf 所写入的字节数

【例 3-7】 输出文本值。

解： 在 MATLAB 命令行窗口中输入如下命令。

```
>>T = [ 0 32.5 46.3 78.8 85.5 96.6 107.3 110.4 115.7 118 119.2 119.8 120 ];  % 输入温度 T 的数据
>>formatSpec = 'X is %4.2f meters or %8.3f mm\n';
>>fprintf( formatSpec, T)
X is0.00 meters or         32.500 mm
X is46.30 meters or        78.800 mm
X is85.50 meters or        96.600 mm
X is107.30 meters or       110.400 mm
X is115.70 meters or       118.000 mm
X is119.20 meters or       119.800 mm
X is120.00 meters or >> 1
ans =
     1
```

📖 **提示：** %4.2f 指定输出中每行的第一个值为浮点数，字段宽度为 4 位数，包括小数点后的两位数。%8.3f 指定输出中每行的第二个值为浮点数，字段宽度为 8 位数，包括小数点后的 3 位数。\n 为新起一行的控制字符。

表 3-7 显示了要将数值和字符数据格式化为文本的转换字符。

表 3-7　转换字符

值 类 型	转　换	详 细 信 息
有符号整数	%d 或%i	以 10 为基数
无符号整数	%u	以 10 为基数
	%o	以 8 为基数（八进制）
	%x	以 16 为基数（十六进制），小写字母 a-f
	%X	与 %x 相同，大写字母 A-F

值 类 型	转 换	详 细 信 息
浮点数	%f	定点记数法（使用精度操作符指定小数点后的位数）
	%e	指数记数法，例如 3.141593e+00（使用精度操作符指定小数点后的位数）
	%E	与 %e 相同，但为大写，例如 3.141593E+00（使用精度操作符指定小数点后的位数）
	%g	更紧凑的 %e 或 %f，不带尾随零（使用精度操作符指定有效数字位数）
	%G	更紧凑的 %E 或 %f，不带尾随零（使用精度操作符指定有效数字位数）
字符或字符串	%c	单个字符
	%s	字符向量或字符串数组。输出文本的类型与 formatSpec 的类型相同

读取操作如果遇到回车符后加换行符（'\r\n'），则会从输入中删除回车符，写入操作在输出中的任何换行符之前插入一个回车符。

【例 3-8】将数据写入文本文件。

解：创建 txt 文件 sin. txt

输入下面的数据，如图 3-3 所示。

```
x = 0:.1:1;
A = [x;sin(x)];
```

在 MATLAB 命令行窗口输入如下程序。

```
>>fileID = fopen('sin. txt','a');
>>fprintf(fileID,'%6s %12s\n','x','sin(x)');
>>fclose(fileID);
```

运行后，在文本文件中添加了数据，结果如图 3-4 所示。

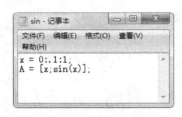

图 3-3　TXT 文件

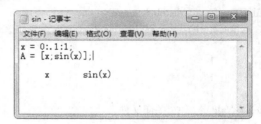

图 3-4　添加表格数据

在 MATLAB 中使用 fread 函数读取二进制文件中的数据。

fread 命令的调用格式见表 3-8。

表 3-8　fread 命令的调用格式

调 用 格 式	说 明
A =fread(fileID)	将打开的二进制文件中的数据读取到列向量 A 中，并将文件指针定位在文件结尾标记处
A =fread(fileID,sizeA)	将文件数据读取到维度为 sizeA 的数组 A 中，并将文件指针定位到最后读取的值之后

调 用 格 式	说　　明
A = fread(fileID, sizeA, precision)	根据 precision 描述的格式和大小解释文件中的值
A = fread(fileID, sizeA, precision, skip)	在读取文件中的每个值之后将跳过 skip 指定的字节或位数
A = fread(fileID, sizeA, precision, skip, machinefmt)	另外指定在文件中读取字节或位时的顺序
[A, count] = fread(…)	返回 fread 读取到 A 中的字符数

在 MATLAB 中使用 fwrite 函数将数据写入二进制文件。

fwrite 命令的调用格式见表 3-9。

表 3-9　fwrite 命令的调用格式

调 用 格 式	说　　明
fwrite(fileID, A)	数组 A 的元素按列顺序以 8 位无符号整数的形式写入一个二进制文件
fwrite(fileID, A, precision)	按照 precision 说明的形式和大小写入 A 中的值
fwrite(fileID, A, precision, skip)	在写入每个值之前跳过 skip 指定的字节数或位数
fwrite(fileID, A, precision, skip, machinefmt)	指定将字节或位写入文件的顺序
count = fwrite(A)	返回 A 中 fwrite 已成功写入到文件的元素数

【例 3-9】 创建全一矩阵文件。

解： 在 MATLAB 命令行窗口中输入如下命令。

```
>>fileID = fopen('doubledata. bin','w');      % 创建一个名为 doubledata. bin 的文件
>>fwrite(fileID,ones(3),'double');            % 添加矩阵数据
>>fclose('all');                              % 关闭文件
>>fileID = fopen('doubledata. bin');
>>A = fread(fileID,[3 3],'double')            %将文件中的数据读取到一个 3×3 数组 A 中
A =
     1     1     1
     1     1     1
     1     1     1
>>fclose('all');   % 关闭文件
```

【例 3-10】 写入二进制文件。

解： 在 MATLAB 命令行窗口中输入如下命令。

```
>>fileID = fopen('w. uint8. txt','w');        % 创建名称为 uint8. m 的文件
>>fwrite(fileID,[1:9]);                       % 将从 1~9 的整数以 8 位无符号整数的形式写入
>>fwrite(fileID,magic(5),'integer * 4');
>>fprintf(fileID,'%6s\r\n','                  %将 uint8 数据写入二进制文件');  % 输入数据
>>fclose(fileID);                             % 关闭文件。
```

为了使用方便，MATLAB 提供了几种常用的文件设置函数。表 3-10 给出了这些函数名称及说明定义。

表 3-10　文件设置函数及调用函数

调用函数	定义说明	调用函数	定义说明
ferror	返回文件 I/O 错误信息	fseek	移至文件中的指定位置
fscanf	读取文本文件中的数据	feof	检测文件末尾
disp	显示变量的值	ftell	返回指定文件中位置指针的当前位置

3.2　程序结构

对于一般的程序设计语言来说，程序结构大致可以分为顺序结构、循环结构与分支结构 3 种。MATLAB 程序设计语言也不例外，但是要比其他程序设计语言好学得多，因为其语法不像 C 语言那样复杂，并且具有功能强大的工具箱，使得它成为科研工作者及学生最易掌握的软件之一。下面将分别就上述 3 种程序结构进行介绍。

3.2.1　顺序结构

顺序结构是最简单、最易学的一种程序结构，它由多个 MATLAB 语句顺序构成，各语句之间用分号 "；" 隔开（若不加分号，则必须分行编写），程序执行时也是按照由上至下的顺序进行的。下面来看一个顺序结构的例子。

【例 3-11】矩阵运算。

本实例求解矩阵的和与差。

解：MATLAB 程序如下。

```
>>A=[1 2;3 4];
>>B=[5 6;7 8];
>>A,B
A =
     1     2
     3     4
B =
     5     6
     7     8
>>disp('A 与 B 的和与差为:');
>>C=A+B
C =
     6     8
    10    12
>>D=A-B
D =
    -4    -4
    -4    -4
```

3.2.2　循环结构

在利用 MATLAB 进行数值实验或工程计算时，用得最多的便是循环结构了。在循环结构中，被重复执行的语句组称为循环体。常用的循环结构有两种：for-end 循环与 while-end 循环。下面分别简要介绍相应的用法。

（1）for-end 循环

在 for-end 循环中，循环次数一般情况下是已知的，除非用其他语句提前终止循环。这种循环以 for 开头，以 end 结束，其一般形式如下。

```
for 变量=表达式
    可执行语句 1
    ...
    可执行语句 n
end
```

其中，"表达式"通常为形如 m:s:n（s 的默认值为 1）的向量，即变量的取值从 m 开始，以间隔 s 递增一直到 n，变量每取一次值，循环便执行一次。事实上，这种循环在上一节就已经用到了。下面来看一个特别的 for-end 循环示例。

【例 3-12】创建一个 10 阶 Hilbert 矩阵。

本实例验证魔方矩阵的奇妙特性。

解：MATLAB 程序如下。

```
>>s = 10;
>>H = zeros(s);
>>for c = 1:s
    for r = 1:s
        H(r,c) = 1/(r+c-1);
    end
  end
>> H
H =

  1 至 7 列

    1.0000    0.5000    0.3333    0.2500    0.2000    0.1667    0.1429
    0.5000    0.3333    0.2500    0.2000    0.1667    0.1429    0.1250
    0.3333    0.2500    0.2000    0.1667    0.1429    0.1250    0.1111
    0.2500    0.2000    0.1667    0.1429    0.1250    0.1111    0.1000
    0.2000    0.1667    0.1429    0.1250    0.1111    0.1000    0.0909
    0.1667    0.1429    0.1250    0.1111    0.1000    0.0909    0.0833
    0.1429    0.1250    0.1111    0.1000    0.0909    0.0833    0.0769
    0.1250    0.1111    0.1000    0.0909    0.0833    0.0769    0.0714
    0.1111    0.1000    0.0909    0.0833    0.0769    0.0714    0.0667
    0.1000    0.0909    0.0833    0.0769    0.0714    0.0667    0.0625

  8 至 10 列

    0.1250    0.1111    0.1000
    0.1111    0.1000    0.0909
    0.1000    0.0909    0.0833
    0.0909    0.0833    0.0769
    0.0833    0.0769    0.0714
```

0.0769	0.0714	0.0667
0.0714	0.0667	0.0625
0.0667	0.0625	0.0588
0.0625	0.0588	0.0556
0.0588	0.0556	0.0526

（2）while-end 循环

如果不知道所需要的循环到底要执行多少次，那么就可以选择 while-end 循环。这种循环以 while 开头，以 end 结束，其一般形式如下。

```
while 表达式
    可执行语句 1
    …
    可执行语句 n
end
```

其中，"表达式"即循环控制语句，一般是由逻辑运算或关系运算及一般运算组成的表达式。若表达式的值非零，则执行一次循环，否则停止循环。这种循环方式在编写某一数值算法时用得非常多。一般来说，能用 for-end 循环实现的程序也能用 while-end 循环实现，如下例所示。

【例 3-13】 由小到大排列。

利用 while-end 循环实现数值由小到大排列。

解： 1）编写名为 mm3 的 M 文件。

```
function f=mm3(a,b)
%This file is devoted to demonstrate the use of 'if'
%he function of this file is to convert the value of a and b
if a>b
    t=a;
    a=b;
    b=t;
end
a
b
```

2）在命令行窗口中运行，结果如下。

```
>> mm3(2,3)
a =
     2
b =
     3
>> mm3(7,3)
a =
     3
b =
7
```

3.2.3 分支结构

这种程序结构也叫选择结构，即根据表达式值的情况来选择执行哪些语句。在编写较复杂的算法时一般都会用到此结构。MATLAB 编程语言提供了 3 种分支结构：if-else-end 结构、switch-case-end 结构和 try-catch-end 结构。其中较常用的是前两种。下面分别介绍这 3 种结构的用法。

（1）if-else-end 结构

这种结构也是复杂结构中最常用的一种分支结构，具有以下 3 种形式。

1）形式 1。

```
if          表达式
            语句组
end
```

📖 **说明：**若表达式的值非零，则执行 if 与 end 之间的语句组，否则直接执行 end 后面的语句。

2）形式 2。

```
if          表达式
            语句组 1
else
            语句组 2
end
```

📖 **说明：**若表达式的值非零，则执行语句组 1，否则执行语句组 2。

【例 3-14】 矩阵变换。

本实例编写一个分段函数的程序。

$$p(x_1,x_2)=\begin{cases} 0.5457\mathrm{e}^{-0.75x_2^2-3.75x_1^2-1.5x_1} & x_1+x_2>1 \\ 0.7575\mathrm{e}^{-x_2^2-6x_1^2} & -1<x_1+x_2\leqslant1 \\ 0.5457\mathrm{e}^{-0.75x_2^2-3.75x_1^2+1.5x_1} & x_1+x_2\leqslant-1 \end{cases}$$

解：1）编写名为 example 的 M 文件。

```
function f=example
%example. m 绘制分段函数.
a=2;b=2;
clf;
x=-a:0.2:a;
y=-b:0.2:b;
for i=1:length(y)
    for j=1:length(x)
        if x(j)+y(i)>1
            z(i,j)=0.5457*exp(-0.75*y(i)^2-3.75*x(j)^2-1.5*x(j));
        elseif x(j)+y(i)<=-1
```

```
            z(i,j)=0.5457*exp(-0.75*y(i)^2-3.75*x(j)^2+1.5*x(j));
        else z(i,j)=0.7575*exp(-y(i)^2-6.*x(j)^2);
        end
    end
end
z
```

2) 在命令行窗口中运行，结果如下。

```
>>example
z =
  1 至 7 列
```

0.0000	0.0000	0.0000	0.0000	0.0000	0.0001	0.0007
0.0000	0.0000	0.0000	0.0000	0.0000	0.0003	0.0013
0.0000	0.0000	0.0000	0.0000	0.0001	0.0004	0.0022
0.0000	0.0000	0.0000	0.0000	0.0001	0.0007	0.0034
0.0000	0.0000	0.0000	0.0000	0.0001	0.0010	0.0051
0.0000	0.0000	0.0000	0.0000	0.0002	0.0014	0.0070
0.0000	0.0000	0.0000	0.0000	0.0003	0.0018	0.0092
0.0000	0.0000	0.0000	0.0000	0.0003	0.0022	0.0114
0.0000	0.0000	0.0000	0.0000	0.0004	0.0025	0.0132
0.0000	0.0000	0.0000	0.0000	0.0004	0.0028	0.0156
0.0000	0.0000	0.0000	0.0000	0.0004	0.0029	0.0163
0.0000	0.0000	0.0000	0.0000	0.0004	0.0018	0.0156
0.0000	0.0000	0.0000	0.0000	0.0001	0.0016	0.0139
0.0000	0.0000	0.0000	0.0000	0.0001	0.0013	0.0114
0.0000	0.0000	0.0000	0.0000	0.0001	0.0010	0.0086
0.0000	0.0000	0.0000	0.0000	0.0000	0.0007	0.0060
0.0000	0.0000	0.0000	0.0000	0.0000	0.0004	0.0039
0.0000	0.0000	0.0000	0.0000	0.0000	0.0003	0.0023
0.0000	0.0000	0.0000	0.0000	0.0000	0.0001	0.0013
0.0000	0.0000	0.0000	0.0000	0.0000	0.0001	0.0145
0.0000	0.0000	0.0000	0.0000	0.0000	0.0000	0.0082

```
  8 至 14 列
```

0.0029	0.0082	0.0173	0.0272	0.0316	0.0272	0.0173
0.0051	0.0145	0.0306	0.0480	0.0558	0.0480	0.0306
0.0084	0.0241	0.0510	0.0800	0.0930	0.0800	0.0510
0.0132	0.0378	0.0800	0.1255	0.1458	0.1255	0.0123
0.0195	0.0558	0.1182	0.1853	0.2153	0.0687	0.0207
0.0272	0.0776	0.1644	0.2578	0.2192	0.1067	0.0321
0.0356	0.1017	0.3142	0.3994	0.3142	0.1529	0.0461
0.0439	0.2024	0.4157	0.5285	0.4157	0.2024	0.0609
0.0744	0.2472	0.5078	0.6455	0.5078	0.2472	0.0744
0.0839	0.2787	0.5725	0.7278	0.5725	0.2787	0.0839
0.0874	0.2900	0.5959	0.7575	0.5959	0.2900	0.0874
0.0839	0.2787	0.5725	0.7278	0.5725	0.2787	0.0839
0.0744	0.2472	0.5078	0.6455	0.5078	0.2472	0.0744
0.0609	0.2024	0.4157	0.5285	0.4157	0.2024	0.0439

0.0461	0.1529	0.3142	0.3994	0.3142	0.1017	0.0356
0.0321	0.1067	0.2192	0.2787	0.1644	0.0776	0.0272
0.0207	0.0687	0.1412	0.1853	0.1182	0.0558	0.0195
0.0123	0.0409	0.1458	0.1255	0.0800	0.0378	0.0132
0.0510	0.0800	0.0930	0.0800	0.0510	0.0241	0.0084
0.0306	0.0480	0.0558	0.0480	0.0306	0.0145	0.0051
0.0173	0.0272	0.0316	0.0272	0.0173	0.0082	0.0029

15 至 21 列

0.0082	0.0029	0.0000	0.0000	0.0000	0.0000	0.0000
0.0145	0.0001	0.0000	0.0000	0.0000	0.0000	0.0000
0.0013	0.0001	0.0000	0.0000	0.0000	0.0000	0.0000
0.0023	0.0003	0.0000	0.0000	0.0000	0.0000	0.0000
0.0039	0.0004	0.0000	0.0000	0.0000	0.0000	0.0000
0.0060	0.0007	0.0000	0.0000	0.0000	0.0000	0.0000
0.0086	0.0010	0.0001	0.0000	0.0000	0.0000	0.0000
0.0114	0.0013	0.0001	0.0000	0.0000	0.0000	0.0000
0.0139	0.0016	0.0001	0.0000	0.0000	0.0000	0.0000
0.0156	0.0018	0.0001	0.0000	0.0000	0.0000	0.0000
0.0163	0.0019	0.0004	0.0000	0.0000	0.0000	0.0000
0.0156	0.0028	0.0004	0.0000	0.0000	0.0000	0.0000
0.0132	0.0025	0.0004	0.0000	0.0000	0.0000	0.0000
0.0114	0.0022	0.0003	0.0000	0.0000	0.0000	0.0000
0.0092	0.0018	0.0003	0.0000	0.0000	0.0000	0.0000
0.0070	0.0014	0.0002	0.0000	0.0000	0.0000	0.0000
0.0051	0.0010	0.0001	0.0000	0.0000	0.0000	0.0000
0.0034	0.0007	0.0001	0.0000	0.0000	0.0000	0.0000
0.0022	0.0004	0.0001	0.0000	0.0000	0.0000	0.0000
0.0013	0.0003	0.0000	0.0000	0.0000	0.0000	0.0000
0.0007	0.0001	0.0000	0.0000	0.0000	0.0000	0.0000

3）形式 3。

if	表达式 1
	语句组 1
elseif	表达式 2
	语句组 2
elseif	表达式 3
	语句组 3
	…
else	
	语句组 n
end	

📖 说明：程序执行时先判断表达式 1 的值，若非零则执行语句组 1，然后执行 end 后面的语句，否则判断表达式 2 的值，若非零则执行语句组 2，然后执行 end 后面的语句，否则继续上面的过程。如果所有的表达式都不成立，则执行 else 与 end 之间的语句组 n。

【例 3-15】将随机矩阵中小于 0.5 的元素替换为 0。

解: MATLAB 程序如下。

```
>>a = rand(5);
for k = 1:length(a)
    if a(k)<= 0.5
        a(k) = 0;
    end
end
>> a
a =
    0.8147    0.0975    0.1576    0.1419    0.6557
    0.9058    0.2785    0.9706    0.4218    0.0357
         0    0.5469    0.9572    0.9157    0.8491
    0.9134    0.9575    0.4854    0.7922    0.9340
    0.6324    0.9649    0.8003    0.9595    0.6787
```

（2）switch-case-end 结构

一般来说，这种分支结构也可以由 if-else-end 结构实现，但那样会使程序变得更加复杂且不易维护。switch-case-end 分支结构一目了然，而且更便于后期维护。这种结构的形式如下。

```
switch      变量或表达式
case        常量表达式 1
            语句组 1
case        常量表达式 2
            语句组 2
…           …
case        常量表达式 n
            语句组 n
            otherwise
            语句组 n+1
end
```

其中，switch 后面的"变量或表达式"可以是任何类型的变量或表达式。如果变量或表达式的值与其后某个 case 后的常量表达式的值相等，就执行这个 case 和下一个 case 之间的语句组，否则就执行 otherwise 后面的语句组 n+1；执行完一个语句组，程序便退出该分支结构，执行 end 后面的语句。下面来看一个这种结构的例子。

【例 3-16】 方法判断。

本实例编写一个使用方法判断的程序。

解: 1）编写名为 mm6 的 M 文件。

```
function f = mm6(METHOD)
%This file is devoted to demonstrate the use of 'switch'
%The function of this file is to get the method which is used
switch METHOD
    case {'linear','bilinear'},disp('we use the linear method')
    case 'quadratic',disp('we use the quadratic method')
    case 'interior point',disp('we use the interior point method')
```

```
    otherwise,disp('unknown')
end
```

2）在命令行窗口中运行，结果如下。

```
>> mm6('quadratic')
we use the quadratic method
```

【例 3-17】 乘积评定。

编写一个学生成绩评定函数，要求若该生考试成绩在 85~100 之间，则评定为"优秀"；若在 70~84 之间，则评定为"良好"；若在 60~69 之间，则评定为"及格"；若在 60 分以下，则评定为"不及格"。

解：1）首先建立名为 grade_assess. m 的函数文件。

```
function grade_assess(Name,Score)
%此函数用来评定学生的成绩
%Name,Score 为参数,需要用户输入
%Name 中的元素为学生姓名
%Score 中的元素为学分数

%统计学生人数
n=length(Name);

%将分数区间划开:优(85~100),良(70~84),及格(60~69),不及格(60 以下)
for i=0:15
    A_level{i+1}=85+i;
    if i<=14
        B_level{i+1}=70+i;
        if i<=9
            C_level{i+1}=60+i;
        end
    end
end

%创建存储成绩等级的数组
Level=cell(1,n);

%创建结构体 S
S=struct('Name',Name,'Score',Score,'Level',Level);

%根据学生成绩,给出相应的等级
for i=1:n
    switch S(i).Score
        case A_level
            S(i).Level='优';          %分数在 85~100 之间为"优"
        case B_level
            S(i).Level='良';          %分数在 70~84 之间为"良"
        case C_level
```

```
                S(i).Level='及格';          %分数在 60~69 之间为"及格"
            otherwise
                S(i).Level='不及格';         %分数在 60 以下为"不及格"
        end
    end
end

%显示所有学生的成绩等级评定
disp(['学生姓名',blanks(4),'得分',blanks(4),'等级']);
for i=1:n
    disp([S(i).Name,blanks(8),num2str(S(i).Score),blanks(6),S(i).Level]);
end
```

2）构造一个姓名名单以及相应的分数，来看一下程序的运行结果。

```
>> Name={'赵一','王二','张三','李四','孙五','钱六'};
>> Score={90,46,84,71,62,100};
>> grade_assess(Name,Score)
学生姓名      得分      等级
赵一         90       优
王二         46       不及格
张三         84       良
李四         71       良
孙五         62       及格
钱六         100      优
```

（3）try-catch-end 结构

有些 MATLAB 参考书中没有提到这种结构，因为上述两种分支结构足以处理实际中的各种情况了。但是这种结构在程序调试时很有用，因此在这里简单介绍一下这种分支结构。其一般形式如下。

```
try
    语句组 1
catch
    语句组 2
end
```

在程序不出错的情况下，这种结构只有语句组 1 被执行；若程序出现错误，那么错误信息将被捕获，并存放在 lasterr 变量中，然后执行语句组 2；若在执行语句组 2 的时候，程序又出现错误，那么程序将自动终止，除非相应的错误信息被另一个 try-catch-end 结构所捕获。下面来看一个例子。

【例 3-18】 矩阵的串联。

利用 try-catch-end 结构调试 M 文件，显示无法垂直串联的矩阵的原因。

解： MATLAB 程序如下。

```
>>A = eye(3);
>>B = magic(5);
>>C = [A;B];
错误使用 vertcat
```

要串联的数组的维度不一致。
```
>>try
    C = [A;B];
catch ME
    if (strcmp(ME.identifier,'MATLAB:catenate:dimensionMismatch'))
        msg = ['Dimension mismatch occurred: First argument has ', ...
            num2str(size(A,2)),' columns while second has ', ...
            num2str(size(B,2)),' columns.'];
        causeException = MException('MATLAB:myCode:dimensions',msg);
        ME = addCause(ME,causeException);
    end
    rethrow(ME)
end
错误使用 vertcat
要串联的数组的维度不一致。
原因:
    Dimension mismatch occurred: First argument has 3 columns while
    second has 5 columns.
```

在利用 MATLAB 编程解决实际问题时，可能会需要提前终止 for 与 while 等循环结构，有时可能需要显示必要的出错或警告信息、显示批处理文件的执行过程等，而这些特殊要求的实现就需要用到本节所要讲述的程序流程控制命令，如 break 命令、pause 命令、continue 命令、return 命令、echo 命令、error 命令与 warning 命令等。

【例 3-19】 查看内存。

显示函数的执行过程。

解： MATLAB 程序如下。

```
>> inmem          %查看当前内存中的函数
ans =
    'matlabrc'
    'hgrc'
    'sumAB'        %发现有上例中的函数文件,若没有发现则运行一次 sumAB 函数即可
    'imformats'
>> A=[];
>> B=[3 4];
>> C=sumAB(A,B);
%此函数用来求矩阵 A、B 之和
[m1,n1]=size(A);
[m2,n2]=size(B);
%若 A、B 中有一个为空矩阵或两者维数不一致则返回空矩阵,并给出警告信息
if isempty(A)
    warning('A 为空矩阵! ');
Warning: A 为空矩阵!
> In sumAB at 9
    C=[];
    return;
C =
    []
```

3.3 操作实例——统计 M 文件代码行数

编写日期和时间值的加减运算，统计该 M 文件中的代码行数。

操作步骤

（1）计算日期和时间值的加减运算函数

```
>>t1 = datetime('now')    % 创建一个日期时间标量,为其加上时间序列以求得未来的时间点。默认情
                             况下,日期时间数组未与时区关联
t1 =
  datetime
    2018-09-20 15:56:56
>>t2 = t1 + hours(1:3);      % 验证 t2 中每一对日期时间值的差是否为 1 小时
>>dt = diff(t2);            % diff 返回由小时数、分钟数和秒数构成的精确持续时间
>>t2 = t1 - minutes(20:10:40);  % 从日期时间值减去分钟数序列以查找过去的时间点
>>t2 = t1 + [1:3]
t2 =
  1×3 datetime 数组
    2018-09-21 15:56:56   2018-09-22 15:56:56   2018-09-23 15:56:56
```

（2）打开 M 文件

```
>>fileID = fopen('date_time.m','r');          % 创建日期和时间值的加减运算函数文件 date_time.m
>>fprintf(fileID,'%6s\r\n','% date_time.m');
>>fIDs = fopen('all')                % 获取所有已打开文件的文件标识符
fIDs =
     3
>>[filename,~,~,encoding] = fopen(3)    %获取已打开文件的文件名称及字符编码
filename =
     'D:\Program Files\MATLAB\R2018a\bin\yuanwenjian\date_time.m'
encoding =
     'GBK'
>>fclose(fileID);
```

（3）计算所有行数

```
>>fid = fopen('date_time.m','r');    %打开 M 文件
>>count = 0;                      % 对代码行数赋初值
>>while ~feof(fid)
          line = fgetl(fid);
          count = count + 1;
      end
>>count
 count =
     14
>>fclose(fid);
```

（4）计算代码行数

```
>>fid = fopen('date_time.m','r');          %打开 M 文件
>>count = 0;                      % 对代码行数赋初值
```

55

```
>>while ~feof(fid)
    line =fgetl(fid);
    if isempty(line) ||strncmp(line,'%',1) || ~ischar(line)    % 跳过注释行
        continue
    end
    count = count + 1;
end
>>count
count =
     6
>>fclose(fid);
```

(5) 计算代码行数

```
>>fid = fopen('date_time. m');
>>line_ex = fgetl(fid)              %读取第一行内容
line_ex =
    '% date_time. m'
>>frewind(fid);                     % 将读取位置指针重置到文件的开头
>>line_in = fgets(fid)             %读取文件包含换行符的第一行文本
line_in =
    '% date_time. m'
>>length(line_ex)                   % 返回行的长度,比较二者的输出
ans =
    13
>>length(line_in)
ans =
    15
>>frewind(fileID)                   % 读取第一行数据
>>line_ex                           % 显示第一行内容
line_ex =
    '% date_time. m'
>>line_in
line_in =
'% date_time. m'
>>ftell(fid)                        %查询当前读取位置
ans =
    57
>> fseek(fid,10,'bof');            % 移到文件中的开头
>> fgetl(fid)
ans =
    'e. m'
>>fclose(fid);                      % 关闭文件
```

3.4 课后习题

1. 什么是 M 文件? M 文件有几种分类?
2. 如何创建 M 文件?

3. 程序的结构有几种，分别有什么特点？

4. 什么是函数文件，如何定义和调用函数文件？

5. 创建数值 M 文件，输出元素为 λ 的 3×3 矩阵。

6. 日用商品在 3 家商店中有不同的价格，其中，毛巾有 3 种：3.5 元、4 元、5 元；脸盆：10 元、15 元、20 元；输出单位量的售价（以某种货币单位计）矩阵，用 M 文件表示（行表示商店，列表示商品）。

7. 实验在对浮点数使用不同的运算顺序时，是否会对运算结果产生不同的影响。

8. 表 3-11 中显示 J02 系列电机数据，利用 M 文件将其保存到文件中。

表 3-11　J02 系列电机数据

型号	KW	外径	内径	长度	定/转	形式	线径	接法	臣数	跨距	用线
11	0.8	120	67	65	24/20	同心	0.67	1Y	91	1-12, 2-11	1.63
12	1.1	120	67	85	24/20	同心	0.77	1Y	72	1-12, 2-11	1.79
31	3	167	94	95	24/20	同心	1.12	1Y	41	1-12, 2-11	2.84
32	4	167	94	125	24/20	同心	0.96	1Y	56	1-12, 2-11	3.05
41	5.5	210	114	110	24/20	同心	2 * 0.93	1Y	53	1-12, 2-11	5.81
42	7.5	210	114	135	24/20	同心	2 * 1.08	1△	43	1-12, 2-11	6.87
51	10	245	136	120	24/20	同心	2 * 1.35	1△	40	1-12, 2-11	10.5
52	13	245	136	160	24/20	同心	1.16+2 * 1.25	1△	32	1-12, 2-11	11.3
61	17	280	155	155	30/22	双叠	1.45	2△	25	1~11	9.7
71	22	327	182	155	36/28	双叠	4 * 1.35	1△	10	1~13	18.6
72	30	327	182	200	36/28	双叠	2 * 1.56+2 * 1.62	1△	8	1~13	22
82	40	368	210	240	36/28	双叠	3 * 1.45	2△	13	1~13	26.5
91	55	423	245	260	42/34	双叠	4 * 1.56	2△	10	1~15	39.3
92	75	423	245	300	42/34	双叠	5 * 1.56	2△	8	1~15	43.5
93	100	423	245	365	42/34	双叠	3 * 1.56+4 * 1.5	2△	6	1~15	49.7
21	1.5	145	82	75	18/16	交叉	0.83	1Y	80	1-8, 1-9	1.8
21	1.5	145	80	80	18/16	交叉	0.83	1Y	76	1-8, 1-9	1.77
22	2.2	145	82	100	18/16	交叉	0.93	1Y	60	1-8, 1-9	1.88
22	2.2	145	80	100	18/16	交叉	0.93	1Y	59	1-8, 1-9	1.89

9. 读取上例 M 文件的值。

10. 利用 try-catch-end 结构调试 10！。

第4章 绘 图 命 令

MATLAB 不但擅长数值运算，同时它还具有强大的图形功能，这是其他用于科学计算的编程语言所无法比拟的。利用 MATLAB 可以很方便地实现大量数据计算结果的可视化，而且可以很方便地修改和编辑图形界面。

图形窗口是 MATLAB 数据可视化的平台，这个窗口和命令行窗口是相互独立的。如果能熟练掌握图形窗口的各种操作，读者便可以根据自己的需要来获得各种高质量的图形。

4.1 二维绘图

在 MATLAB 的命令行窗口输入绘图命令（如 plot 命令）时，系统会自动建立一个图形窗口。有时，在输入绘图命令之前已经有图形窗口打开，这时绘图命令会自动将图形输出到当前窗口。当前窗口通常是最后一个使用的图形窗口，这个窗口的图形也将被覆盖掉，而用户往往不希望这样。学完本节内容，读者便能轻松解决这个问题。

4.1.1 figure 命令

在 MATLAB 中，使用函数 figure 来建立图形窗口。figure 命令的调用格式见表 4-1。

表 4-1　figure 命令的调用格式

调 用 格 式	说　　明
figure	创建一个图形窗口
figure(n)	创建一个编号为 Figure(n) 的图形窗口，其中 n 是一个正整数，表示图形窗口的句柄
figure('PropertyName',PropertyValue,…)	对指定的属性 PropertyName，用指定的属性值 PropertyValue（属性名与属性值成对出现）创建一个新的图形窗口；对于那些没有指定的属性，则用默认值

figure 属性见表 4-2。

表 4-2　figure 属性

属 性 名	说　　明	有 效 值	默 认 值
Position	图形窗口的位置与大小	四维向量 [left, bottom, width, height]	取决于显示
Units	用于解释属性 Position 的单位	inches（英寸） centimeters（厘米） normalized（标准化单位认为窗口长宽是1） points（点） pixels（像素） characters（字符）	pixels

属 性 名	说 明	有 效 值	默 认 值
Color	窗口的背景颜色	ColorSpec（有效的颜色参数）	取决于颜色表
Menubar	转换图形窗口菜单条的"开"与"关"	none、figure	figure
Name	显示图形窗口的标题	任意字符串	' '（空字符串）
NumberTitle	标题栏中是否显示'Figure No. n'，其中 n 为图形窗口的编号	on、off	on
Resize	指定图形窗口是否可以通过鼠标改变大小	on、off	on
SelectionHighlight	当图形窗口被选中时，是否突出显示	on、off	on
Visible	确定图形窗口是否可见	on、off	on
WindowStyle	指定窗口是标准窗口还是典型窗口	normal（标准窗口）、modal（典型窗口）	normal
Colormap	图形窗口的色图	m×3 的 RGB 颜色矩阵	jet 色图
Dithermap	用于真颜色数据以伪颜色显示的色图	m×3 的 RGB 颜色矩阵	有所有颜色的色图
DithermapMode	是否使用系统生成的抖动色图	auto、manual	manual
FixedColors	不是从色图中获得的颜色	m×3 的 RGB 颜色矩阵	无（只读模式）
MinColormap	系统颜色表中能使用的最少颜色数	任一标量	64
ShareColors	允许 MATLAB 共享系统颜色表中的颜色	on、off	on
Alphamap	图形窗口的 α 色图，用于设定透明度	m 维向量，每一分量在 [0，1] 之间	64 维向量
BackingStore	打开或关闭屏幕像素缓冲区	on、off	on
DoubleBuffer	对于简单的动画渲染是否使用快速缓冲	on、off	off
Renderer	用于屏幕和图片的渲染模式	painters、zbuffer、OpenGL	系统自动选择
Children	显示图形窗口中的任意对象句柄	句柄向量	[]
FileName	命令 guide 使用的文件名	字符串	无
Parent	图形窗口的父对象：根屏幕	总是 0（即根屏幕）	0
Selected	是否显示窗口的"选中"状态	on、off	on
Tag	用户指定的图形窗口标签	任意字符串	' '（空字符串）
Type	图形对象的类型（只读类型）	'figure'	figure
UserData	用户指定的数据	任一矩阵	[]（空矩阵）
RendererMode	默认的或用户指定的渲染程序	auto、manual	auto
CurrentAxes	在图形窗口中当前坐标轴的句柄	坐标轴句柄	[]
CurrentCharacter	在图形窗口中最后一个输入的字符	单个字符	无
CurrentObject	图形窗口中当前对象的句柄	图形对象句柄	[]

属 性 名	说 明	有 效 值	默 认 值
CurrentPoint	图形窗口中最后单击的按钮的位置	二维向量［x-coord，y-coord］	［0 0］
SelectionType	鼠标选取类型	normal、extended、alt、open	normal
BusyAction	指定如何处理中断调用程序	cancel、queue	queue
ButtonDownFcn	当在窗口中空闲处单击时，执行的回调程序	字符串	' '（空字符串）
CloseRequestFcn	当执行命令关闭时定义一回调程序	字符串	closereq
CreateFcn	当打开一图形窗口时定义一回调程序	字符串	' '（空字符串）
DeleteFcn	当删除一图形窗口时定义一回调程序	字符串	' '（空字符串）
Interruptible	定义一回调程序是否可中断	on、off	on（可以中断）
KeyPressFcn	当在图形窗口中按下时，定义一回调程序	字符串	' '（空字符串）
ResizeFcn	当图形窗口改变大小时，定义一回调程序	字符串	' '（空字符串）
UIContextMenu	定义与图形窗口相关的菜单	属性 UIContrextmenu 的句柄	无
WindowButtonDownFcn	当在图形窗口中按下鼠标时，定义一回调程序	字符串	' '（空字符串）
WindowButtonMotionFcn	当将鼠标移进图形窗口中时，定义一回调程序	字符串	' '（空字符串）
WindowButtonUpFcn	当在图形窗口中松开按钮时，定义一回调程序	字符串	' '（空字符串）
IntegerHandle	指定使用整数或非整数图形句柄	on、off	on（整数句柄）
HandleVisiblity	指定图形窗口句柄是否可见	on、callback、off	on
HitTest	定义图形窗口是否能变成当前对象（参见图形窗口属性 CurrentObject）	on、off	on
NextPlot	在图形窗口中定义如何显示另外的图形	replacechildren、add、replace	add
Pointer	选取鼠标记号	crosshair、arrow、topr、watch、topl、botl、botr、circle、cross、fleur、left、right、top、fullcrosshair、bottom、ibeam、custom	arrow
PointerShapeCData	定义鼠标外形的数据	16×16 矩阵	将鼠标设置为'custom'且可见
PointerShapeHotSpot	设置鼠标活跃的点	二维向量［row，column］	［1,1］

MATLAB 提供了查阅表 4-2 中属性和属性值的函数 set 和 get，它们的使用格式如下。

● set(n)返回关于图形窗口 Figure(n)的所有图像属性的名称和属性值所有可能取值。

● get(n)返回关于图形窗口 Figure(n)的所有图像属性的名称和当前属性值。

需要注意的是，figure 命令产生的图形窗口的编号是在原有编号基础上加 1。有时，作图是为了进行不同数据的比较，需要在同一个视窗下来观察不同的图像，这时可用 MATLAB 提供的 subplot 来完成这项任务。有关 subplot 的用法将在本章后面章节中进行介绍。

如果用户想关闭图形窗口，则可以使用命令 close。

如果用户不想关闭图形窗口，仅仅是想将该窗口的内容清除，则可以使用函数 clf 来实现。另外，命令 clf(rest)除了能够消除当前图形窗口的所有内容以外，还可以将该图形除了位置和单位属性外的所有属性都重新设置为默认状态。当然，也可以通过使用图形窗口中的菜单项来实现相应的功能，这里不再赘述。

4.1.2 plot 绘图命令

plot 命令是最基本的绘图命令，也是最常用的一个绘图命令。当执行 plot 命令时，系统会自动创建一个新的图形窗口。若之前已经有图形窗口打开，那么系统会将图形画在最近打开过的图形窗口上，原有图形也将被覆盖。事实上，在前文中已经对这个命令有了一定的了解，本节将详细讲述该命令的各种用法。

plot 命令的调用格式见表 4-3。

表 4-3 plot 命令的调用格式

调 用 格 式	说　　明
plot(x)	当 x 是实向量时，则绘制出以该向量元素的下标［即向量的长度，可用 MATLAB 函数 length( )求得］为横坐标，以该向量元素的值为纵坐标的一条连续曲线 当 x 是实矩阵时，按列绘制出每列元素值相对应的曲线，曲线数等于 x 的列数 当 x 是负数矩阵时，按列分别绘制出以元素实部为横坐标、以元素虚部为纵坐标的多条曲线
plot(x,y)	当 x、y 是同维向量时，绘制以 x 为横坐标、以 y 为纵坐标的曲线 当 x 是向量，y 是有一维与 x 等维的矩阵时，绘制出多根不同颜色的曲线，曲线数等于 y 阵的另一维数，x 作为这些曲线的横坐标 当 x 是矩阵、y 是向量时，同上，但以 y 为横坐标 当 x、y 是同维矩阵时，以 x 对应的列元素为横坐标，以 y 对应的列元素为纵坐标分别绘制曲线，曲线数等于矩阵的列数
plot(x1,y1,x2,y2,…)	绘制多条曲线。在这种用法中，(xi, yi) 必须是成对出现的，上面的命令等价于逐次执行 plot（xi, yi）命令，其中 i=1,2,…
plot(x,y,s)	其中 x、y 为向量或矩阵，s 为用单引号标记的字符串，用来设置所画数据点的类型、大小、颜色以及数据点之间连线的类型、粗细、颜色等
plot(x1,y1,s1,x2,y2,s2,…)	这种格式的用法与用法 3 相似，不同之处是此格式有参数的控制，运行此命令等价于依次执行 plot(xi,yi,si)，其中 i=1,2,…
plot(ax,…)	将在由 ax 指定的坐标区中，而不是在当前坐标区（gca）中创建线条。选项 ax 可以位于前面的语法中的任何输入参数组合之前

实际应用中，s 是某些字母或符号的组合，这些字母和符号将在下一段介绍。s 可以省略，此时将由 MATLAB 系统默认设置，即曲线一律采用"实线"线型，不同曲线将按表 4-5 所给出的前 7 种颜色（蓝、绿、红、青、品红、黄、黑）顺序着色。

s 的合法设置参见表 4-4、表 4-5 和表 4-6。

表 4-4　线型符号及说明

线 型 符 号	符 号 含 义	线 型 符 号	符 号 含 义
－	实线（默认值）	:	点线
－ －	虚线	-.	点画线

表 4-5　颜色控制字符表

字　　符	色　　彩	RGB 值
b(blue)	蓝色	001
g(green)	绿色	010
r(red)	红色	100
c(cyan)	青色	011
m(magenta)	品红	101
y(yellow)	黄色	110
k(black)	黑色	000
w(white)	白色	111

表 4-6　线型控制字符表

字　　符	数 据 点	字　　符	数 据 点
+	加号	>	向右三角形
o	小圆圈	<	向左三角形
*	星号	s	正方形
.	实点	h	正六角星
x	交叉号	p	正五角星
d	棱形	v	向下三角形
^	向上三角形		

【例 4-1】 在同一个图上画出 $y=x$、$y=\sin x$、$y=\cos x$ 的图像。

解：MATLAB 程序如下。

```
>> close all
>> x=linspace(0,2*pi,100);
>> y1=x;
>>plot(x,y1)        % 显示图 1
>> y2=sin(x);
>>plot(x,y2)        % 显示图 2
>> y3=cos(x);
>>plot(x,y3)        % 显示图 3
>> plot(x,y1,'--gs',x,y2,'*r',x,y3,'y')    % 显示图 4
```

运行结果如图 4-1 所示。

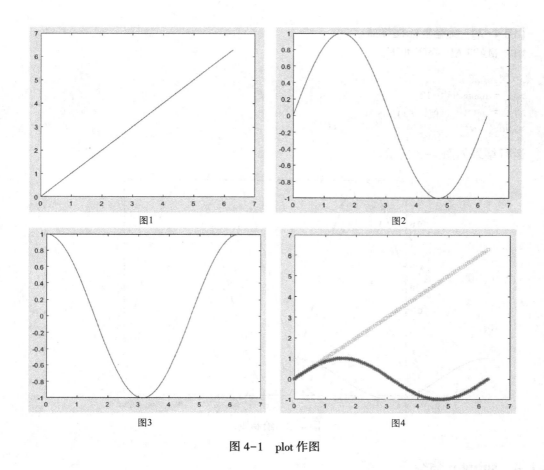

图 4-1　plot 作图

📖 **注意：** 上面的 linspace 命令用来将已知的区间 $[0,2\pi]$ 100 等分。这个命令的具体使用格式为 linspace(a, b,n)，作用是将已知区间 $[a,b]$ 作 n 等分，返回值为分各节点的坐标。

4.1.3　line 命令

在 MATLAB 中，MATLAB 自动把坐标轴画在边框上，如果需要从坐标原点拉出坐标轴，可以利用 line 命令，用于在图形窗口的任意位置画直线或折线。line 命令的调用格式见表 4-7。

表 4-7　line 命令的调用格式

调用格式	说　明
line(x,y)	使用向量 x 和 y 中的数据在当前坐标区中绘制线条
line(x,y,z)	在三维坐标中绘制线条
line	使用默认属性设置绘制一条从点（0，0）到（1，1）的线条
line(⋯,Name,Value)	使用一个或多个名称-值对组参数修改线条的外观
line(ax,⋯)	在由 ax 指定的坐标区中，而不是在当前坐标区（gca）中创建线条
pl = line(⋯)	返回创建的所有基元 Line 对象

【例 4-2】 设置坐标框样式。

解: MATLAB 程序如下。

```
>> close all
>>x = linspace(0,10);
>>y = [sin(x) cos(x)];
>>line(x,y)
```

运行结果如图 4-2 所示。

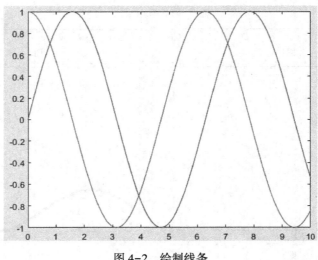

图 4-2　绘制线条

4.1.4　subplot 命令

如果要在同一图形窗口中分割出所需要的几个窗口来，可以使用 subplot 命令。subplot 命令的调用格式见表 4-8。

表 4-8　subplot 命令的调用格式

调 用 格 式	说 明
subplot(m,n,p)	将当前窗口分割成 m×n 个视图区域，并指定第 p 个视图为当前视图
subplot('position',[left bottom width height])	产生的新子区域的位置由用户指定，后面的四元组为区域的具体参数控制，宽高的取值范围都是 [0, 1]

需要注意的是，这些子图的编号是按行来排列的，例如第 s 行第 t 个视图区域的编号为 (s-1)×n+t。如果在此命令之前并没有任何图形窗口被打开，那么系统将会自动创建一个图形窗口，并将其分割成 m×n 个视图区域。

【例 4-3】 自动创建一个图形窗口，并将其分割成 2×1 个视图区域。

解: 在命令行窗口中输入下面的程序。

```
>> subplot(2,1,1)
>> subplot(2,1,2)
```

系统弹出如图 4-3 所示的图形显示窗口，在该窗口中显示两行一列两个图形。

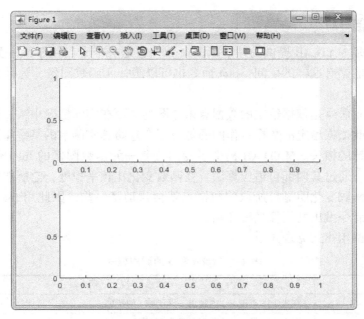

图 4-3　显示图形分割

【例 4-4】 随机生成一个行向量 a 以及一个实方阵 b，并用 MATLAB 的 plot 画图命令做出 a、b 的图像。

解： MATLAB 程序如下。

```
>> a=linspace(1,10);
>> b=rand(5,5);
>> subplot(1,2,1),plot(a)
>> subplot(1,2,2),plot(b)
```

运行后所得的视图如图 4-4 所示。

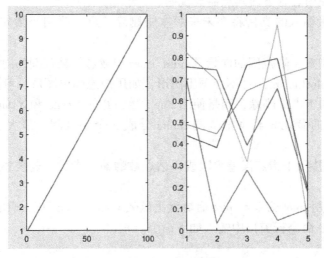

图 4-4　视图分割

4.1.5 fplot 绘图命令

fplot 命令也是 MATLAB 提供的一个画图命令，它是一个专门用于画一元函数图像的命令。有些读者可能会有这样的疑问：plot 命令也可以画一元函数图像，为什么还要引入 fplot 命令呢？

这是因为 plot 命令是依据给定的数据点来作图的，而在实际情况中，一般并不清楚函数的具体情况，因此依据给定的数据点作的图像可能会忽略真实函数的某些重要特性，给科研工作造成不可估计的损失。MATLAB 提供了专门绘制一元函数图像的 fplot 命令，它用来指导数据点的选取，通过其内部自适应算法，在函数变化比较平稳处，它所取的数据点就会相对稀疏一点，在函数变化明显处所取的数据点就会自动密一些，因此用 fplot 命令所做出的图像要比用 plot 命令做出的图像光滑准确。

fplot 命令的调用格式见表 4-9。

表 4-9　fplot 命令的调用格式

调用格式	说　　明
fplot(f,lim)	在指定的范围 lim 内画出一元函数 f 的图形
fplot(f,lim,s)	用指定的线型 s 画出一元函数 f 的图形
fplot(f,lim,n)	画一元函数 f 的图形时，至少描出 n+1 个点
fplot(funx,funy)	在 t 的默认间隔 [−5 5] 上绘制由 x=funx(t) 和 y=funy(t) 定义的曲线
fplot(funx,funy,tinterval)	在指定的时间间隔内绘制。将间隔指定为 [tmin tmax 形式的二元向量]
fplot(…,LineSpec)	指定线条样式、标记符号和线条颜色。例如，'−r'绘制一条红线。在前面语法中的任何输入参数组合之后使用此选项
fplot(…,Name,Value)	使用一个或多个名称-值对参数指定行属性
fplot(ax,…)	绘制到由 ax 指定的轴中，而不是当前轴（GCA）。指定轴作为第一个输入参数
fp =fplot(…)	根据输入返回函数行对象或参数化函数行对象。使用 FP 查询和修改特定行的属性
[X,Y] =fplot(f,lim,…)	返回横坐标与纵坐标的值给变量 X 和 Y

对于上面的各种用法有下面几点需要说明。

1）f 对字符向量输入的支持将在未来版本中删除，可以改用函数句柄，例如'sin(x)'，改为@(x)sin(x)。

2）lim 是一个指定 x 轴范围的向量 [xmin,xmax] 或者 y 轴范围的向量 [ymin,ymax]。

3）[X,Y] = fplot(f,lim,…)不会画出图形，如用户想画出图形，可用命令 plot(X,Y)。这个语法将在将来的版本中删除，而是使用 line 对象 FP 的 XData 和 YData 属性。

4）fplot 命令中的参数 n 至少把范围 limits 分成 n 个小区间，最大步长不超过(xmax−xmin)/n。

5）fplot 不再支持用于指定误差容限或评估点数的输入参数。若要指定评估点数，请使用网格密度属性。

【例 4-5】 分别用 fplot 命令与 plot 命令做出函数 $y=\tan x, x\in[0,2\pi]$ 的图像。

解： 在 MATLAB 命令行窗口中输入如下命令。

```
>> close all
>> x =linspace(0,0.1 * pi,2 * pi);
```

```
>> y=tan(x);
>> subplot(2,1,1),plot(x,y)
>> subplot(2,1,2),fplot(@(x)(tan(x)),[0,2*pi])
```

运行结果如图 4-5 所示。

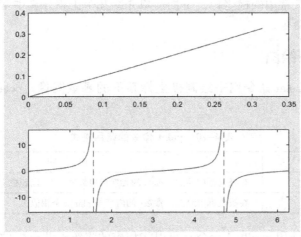

图 4-5   fplot 与 plot 的比较

从图 4-5 可以很明显地看出 fplot 命令所画的图要比用 plot 命令所做的图光滑精确。这主要是因为分点取的太少了，也就是说对区间的划分还不够细。

【例 4-6】 绘制参数化曲线 $y=\sin(t)$，$x=\cos(t)$ 。

解： MATLAB 程序如下。

```
>> close all
>>xt = @(t)cos(t);
>>yt = @(t)sin(t);
>> subplot(1,2,1),fplot(xt,yt)
>> subplot(1,2,2),fplot(@(t)sin(2*t),@(t)cos(3*t))
```

运行结果如图 4-6 所示。

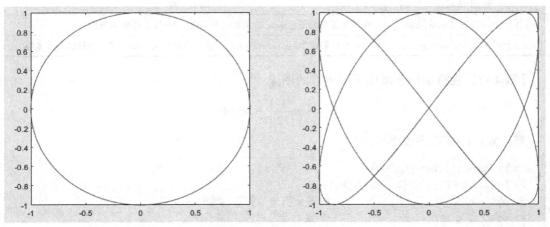

图 4-6   绘制参数化曲线

4.2 设置坐标系

上面讲的绘图命令使用的都是笛卡儿坐标系，而在工程实际中，往往会涉及不同坐标系的图像问题，例如非常常用的极坐标。下面简单介绍几个工程计算中常用的坐标系下的绘图命令及坐标系的设置命令。

4.2.1 极坐标系下绘图

在 MATLAB 中，polar 命令用来绘制极坐标系下的函数图像。polar 命令的调用格式见表 4-10。

表 4-10　polar 命令的调用格式

调 用 格 式	说　　明
polar(theta,rho)	在极坐标中绘图，theta 的元素代表弧度，rho 代表极坐标矢径
polar(theta,rho,s)	在极坐标中绘图，参数 s 的内容与 plot 命令相似

在 MATLAB 中，使用 cart2pol 命令，可以将相应的将笛卡儿坐标数据点转换为极坐标或柱坐标系下的数据点。cart2pol 命令的调用格式见表 4-11。

表 4-11　cart2pol 命令的调用格式

调 用 格 式	说　　明
[theta,rho] = cart2pol(x,y)	在极坐标中，theta 的元素代表弧度，rho 代表极坐标矢径
[theta,rho,z] = cart2pol(x,y,z)	将柱坐标数组 theta、rho 和 z 的对应元素转换为三维笛卡儿坐标或 xyz 坐标

在 MATLAB 中，使用 pol2cart 命令，可以将相应的极坐标数据点转化成直角坐标系下的数据点，pol2cart 命令的调用格式见表 4-12。

表 4-12　pol2cart 命令的调用格式

调 用 格 式	说　　明
[x,y] = pol2cart (theta,rho)	在极坐标中绘图，theta 的元素代表弧度，rho 代表极坐标矢径
[x,y,z] = pol2cart(theta,rho,z)	将柱坐标数组 theta、rho 和 z 的对应元素转换为三维笛卡儿坐标或 xyz 坐标

【例 4-7】在极坐标下画出下面函数的图像。

$$r = \left(\sin \frac{t}{12} \right)^5 - 2\cos 4t$$

解：MATLAB 程序如下。

```
>> t=linspace(0,24*pi,1000);
>> r=(sin(t./12)).^5-2*cos(4.*t);
>> plot(t,r)                    % 显示直角坐标系,如图 4-7a
>> polar(t,r)                   % 显示极坐标,如图 4-7b
>> [x,y]=pol2cart(t,r);         % 将极坐标数据转化为直角坐标
```

```
>> plot(x,y)                              % 显示直角坐标系转化后的图形,如图4-7c
>>[theta,rho] = cart2pol(x,y);            % 将直角坐标系转化为极坐标数据的图形,如图4-7c
>> polar(theta,rho)                       % 显示极坐标,如图4-7b
```

运行结果如图 4-7 所示。

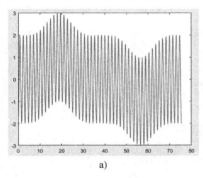
a)

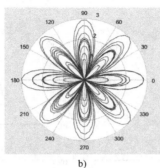
b)

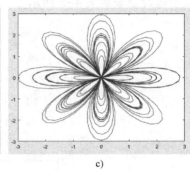
c)

图 4-7   极坐标转换图形

a) 直角坐标系   b) 极坐标系   c) 转换坐标系

4.2.2   半对数坐标系下绘图

半对数坐标在工程中也是很常用的,MATLAB 提供的 semilogx 与 semilogy 命令可以很容易实现这种作图方式。semilogx 命令用来绘制 x 轴为半对数坐标的曲线,semilogy 命令用来绘制 y 轴为半对数坐标的曲线,它们的使用格式是一样的。semilogx 命令的调用格式见表4-13。

表 4-13   semilogx 命令的调用格式

调 用 格 式	说 明
semilogx(X)	绘制以 10 为底对数刻度的 x 轴和线性刻度的 y 轴的半对数坐标曲线,若 X 是实矩阵,则按列绘制每列元素值相对其下标的曲线图,若为复矩阵,则等价于 semilogx(real(X),imag(X))命令
semilogx(X1,Y1,…)	对坐标对(Xi,Yi) (i=1,2,…)绘制所有的曲线,如果(Xi,Yi)是矩阵,则以(Xi,Yi)对应的行或列元素为横纵坐标绘制曲线
semilogx(X1,Y1,s1,…)	对坐标对(Xi,Yi) (i=1,2,…)绘制所有的曲线,其中 si 是控制曲线线型、标记以及色彩的参数
semilogx(…,'PropertyName', PropertyValue,…)	对所有用 semilogx 命令生成的图形对象的属性进行设置
h =semilogx(…)	返回 semilogx 图形句柄向量,每条线对应一个句柄

除了上面的半对数坐标绘图外,MATLAB 还提供了双对数坐标系下的绘图命令 loglog,它的使用格式与 semilogx 相同,这里就不再详细说明了。

【例 4-8】 比较函数 $y=10^x$ 在极坐标、半对数坐标系与直角坐标系下的图像。

解:MATLAB 程序如下。

```
>> close all
>> x=0:0.01:1;
>> y=10.^x;
```

```
>> subplot(2,2,1),polar(x,y)
>> subplot(2,2,2),semilogy(x,y)
>> subplot(2,2,3),plot(x,y)
>> subplot(2,2,4),loglog(x,y)
```

运行结果如图 4-8 所示。

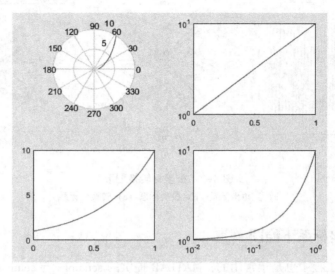

图 4-8　坐标图比较

4.2.3　双 y 轴坐标

这种坐标在实际中常用来比较两个函数的图像，实现这一操作的命令是 plotyy，它的调用格式见表 4-14。

表 4-14　plotyy 命令的调用格式

调用格式	说明
plotyy(x1,y1,x2,y2)	用左边的 y 轴画出 x1 对应于 y1 的图，用右边的 y 轴画出 x2 对应于 y2 的图
plotyy(x1,y1,x2,y2,'function')	使用字符串'function'指定的绘图函数产生每一个图形，'function'可以是 plot、semilogx、semilogy、stem 或任何满足 h=function(x,y) 的 MATLAB 函数
plotyy(x1,y1,x2,y2,'function1', 'function2')	使用 function1(x1,y1) 为左轴画出图形，用 function2(x2,y2) 为左轴画出图形

【例 4-9】用不同标度在同一坐标内绘制曲线 $y_1 = e^{-x}\cos 4\pi x$ 和 $y_2 = 2e^{-0.5x}\cos 2\pi x$。

解：MATLAB 程序如下。

```
>> close all
>> x=linspace(-2*pi,2*pi,200);
>> y1=exp(-x).*cos(4*pi*x);
>> y2=2*exp(-0.5*x).*cos(2*pi*x);
>> subplot(2,1,1), plot(x,y1,'r*',x,y2,'--g')
>> subplot(2,1,2),plotyy(x,y1,x,y2,'plot')
```

运行结果如图 4-9 所示。

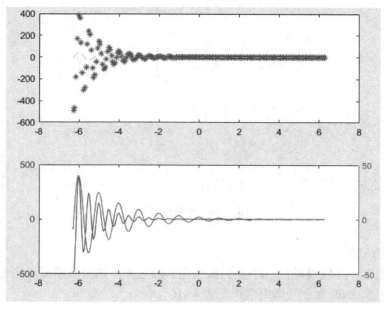

图 4-9　双 y 轴绘图

4.2.4　坐标系控制

MATLAB 的绘图函数可根据要绘制的曲线数据的范围自动选择合适的坐标系，使得曲线尽可能清晰地显示出来，所以一般情况下用户不必自己选择绘图坐标。

1.　当前坐标系

在 MATLAB 中，使用 gca 显示当前坐标区或图。gca 命令的调用格式见表 4-15。

表 4-15　gca 命令的调用格式

调　用　格　式	说　　　明
ax = gca	返回当前图窗的当前坐标区或图，这通常是最后创建的图窗或用鼠标单击的最后一个图窗

【例 4-10】设置坐标样式。

解：MATLAB 程序如下。

```
>> close all
>> x = linspace(0,10);
>> y = x.^2;
>> plot(x,y)              % 设置属性前的坐标系
>> ax = gca;             % 赋值当前坐标系
>> ax.FontSize = 15;
>> ax.TickDir = 'out';
>> ax.TickLength = [0.02 0.02];
>> ax.YLim = [-2 2];
```

运行结果如图 4-10 所示。

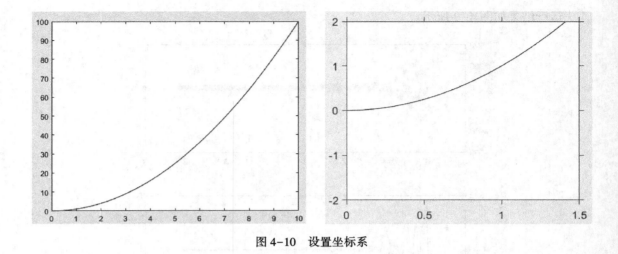

图 4-10　设置坐标系

2. 设置坐标框

在默认状态下，系统自动用一个坐标框把图形圈起来。如果只需画出坐标轴，可以利用 box 命令进行控制。box 命令的调用格式见表 4-16。

表 4-16　box 命令的调用格式

调 用 格 式	说　　明
box on	添加坐标框，显示坐标区轮廓
box off	删去坐标框
box	切换框轮廓的显示
box(ax,…)	使用 ax 指定的坐标区，而不是使用当前坐标区

【例 4-11】设置坐标框样式。

解：MATLAB 程序如下。

```
>> close all
>>x = rand(10,1);
>>y = rand(10,1);
>> plot(x,y,'r*')
>>box off
>>ax = gca;
>>ax. XColor = 'red';
>>ax. LineWidth = 12;
```

运行结果如图 4-11 所示。

3. 创建新坐标系

有些图形，如果用户感觉自动选择的坐标不合适，则可以利用 axis 命令选择新的坐标系。axis 命令用于控制坐标轴的显示、刻度、长度等特征，它有多种使用方式，表 4-17 列出了一些常用的调用格式。

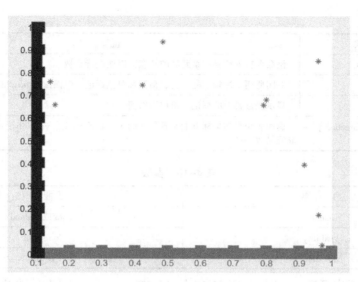

图 4-11　设置坐标系轮廓

表 4-17　axis 命令的调用格式

调用格式	说　　明
axis([xmin xmax ymin ymax])	设置当前坐标轴的 x 轴与 y 轴的范围
axis([xmin xmax ymin ymax zmin zmax])	设置当前坐标轴的 x 轴、y 轴与 z 轴的范围
axis([xmin xmax ymin ymax zmin zmax cmin cmax])	设置当前坐标轴的 x 轴、y 轴与 z 轴的范围，以及当前颜色刻度范围
v = axis	返回一包含 x 轴、y 轴与 z 轴的刻度因子的行向量，其中 v 为一个四维或六维向量，这取决于当前坐标为二维还是三维的
axis auto	自动计算当前轴的范围，该命令也可针对某一个具体坐标轴使用，例如： auto x　自动计算 x 轴的范围； auto yz　自动计算 y 轴与 z 轴的范围
axis manual	把坐标固定在当前的范围，这样，若保持状态（hold）为 on，后面的图形仍用相同界限
axis tight	把坐标轴的范围定为数据的范围，即将 3 个方向上的纵高比设为同一个值
axis fill	该命令用于将坐标轴的取值范围分别设置为绘图所用数据在相应方向上的最大、最小值
axis ij	将二维图形的坐标原点设置在图形窗口的左上角，坐标轴 i 垂直向下，坐标轴 j 水平向右
axis xy	使用笛卡儿坐标系
axis equal	设置坐标轴的纵横比，使在每个方向的数据单位都相同，其中 x 轴、y 轴与 z 轴将根据所给数据在各个方向的数据单位自动调整其纵横比
axis image	效果与命令 axis equal 相同，只是图形区域刚好紧紧包围图像数据
axis square	设置当前图形为正方形（或立方体形），系统将调整 x 轴、y 轴与 z 轴，使它们有相同的长度，同时相应地自动调整数据单位之间的增加量
axis normal	自动调整坐标轴的纵横比，还有用于填充图形区域的、显示于坐标轴上的数据单位的纵横比

调 用 格 式	说　　　明
axis vis3d	该命令将冻结坐标系此时的状态，以便进行旋转
axis off	关闭所用坐标轴上的标记、格栅和单位标记，但保留由 text 和 gtext 设置的对象
axis on	显示坐标轴上的标记、单位和格栅
[mode, visibility, direction] = axis('state')	返回表明当前坐标轴的设置属性的 3 个参数 mode、visibility、dirextion，它们的可能取值见表 4-18

表 4-18　参数

参　　　数	可 能 取 值
mode	'auto'或'manual'
visibility	'on'或'off'
dirextion	'xy'或'ij'

【例 4-12】画出函数 $y = \mathrm{e}^{0.1x}\sin 4x$ 在 $x \in [-10,10], y \in [0,\infty]$ 上的图像。

解： MATLAB 程序如下。

```
>> close all
>> x=linspace(-10,10,200);
>> y=exp(0.1*x).*sin(4.*x);
>> plot(x,y)
>> axis([-10 10 0 inf])
```

运行结果如图 4-12 所示。

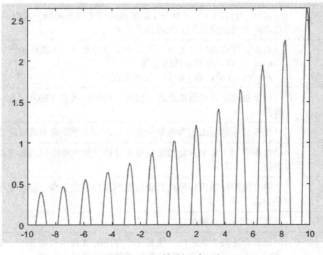

图 4-12　控制坐标系

4.3　二维图形修饰处理

通过上一节的学习，读者可能会感觉到简单的绘图命令并不能满足人们对可视化的要求。为了让所绘制的图形看起来舒服并且易懂，MATLAB 提供了许多图形控制的命令。本节主要介绍一些常用的图形控制命令。

4.3.1 图形的重叠控制

如果要在同一图形窗口中添加新绘图时保留当前绘图，可以使用 hold 命令。hold 命令的调用格式见表 4-19。

表 4-19　hold 命令的调用格式

调 用 格 式	说　　明
hold on	保留当前坐标区中的绘图，从而使新添加到坐标区中的绘图不会删除现有绘图
hold off	将保留状态设置为 off，从而使新添加到坐标区中的绘图清除现有绘图并重置所有的坐标区属性
hold(ax,⋯)	为 ax 指定的坐标区而非当前坐标区设置 hold 状态

【例 4-13】 在同一坐标系下画出下面函数在 $[-\pi,\pi]$ 上的简图。

$$y1 = e^{\sin x}, y2 = e^{\cos x}, y3 = e^{\tan x}, y4 = e^{\cot x}.$$

解： MATLAB 程序如下。

```
>> clear
>> close all
>> x = -pi:pi/10:pi;
>> y1 = exp(sin(x));
>> y2 = exp(cos(x));
>> y3 = exp(tan(x));
>> y4 = exp(cot(x));
>> plot(x,y1,'b:',x,y2,'d-',x,y3,'m>:',x,y4,'rh-')
```

运行结果如图 4-13 所示。

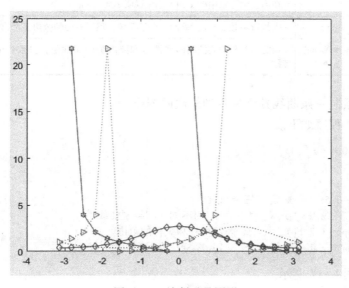

图 4-13　绘制重叠图形

75

4.3.2　图形注释

MATLAB 中提供了一些常用的图形标注函数，利用这些函数可以为图形添加标题，为图形的坐标轴加标注，为图形加图例，也可以把说明、注释等文本放到图形的任何位置。本小节的内容是图形控制中最常用的，也是实际中应用最多的地方，因此读者要仔细学习本节内容，并上机调试本节所给出的例子。

1. 注释图形标题及轴名称

在 MATLAB 绘图命令中，title 命令用于给图形对象加标题，它的调用格式也非常简单，见表 4-20。

表 4-20　title 命令的调用格式

调 用 格 式	说　　明
title('string')	在当前坐标轴上方正中央放置字符串 string 作为图形标题
title(fname)	先执行能返回字符串的函数 fname，然后在当前轴上方正中央放置返回的字符串作为标题
title('text','PropertyName',PropertyValue,…)	对由命令 title 生成的图形对象的属性进行设置，输入参数"text"为要添加的标注文本
h = title(…)	返回作为标题的 text 对象句柄

说明：可以利用 gcf 与 gca 来获取当前图形窗口与当前坐标轴的句柄。

还可以对坐标轴进行标注，相应的命令为 xlabel、ylabel、zlabel，作用分别是对 x 轴、y 轴、z 轴进行标注，它们的调用格式都是一样的，以 xlabel 为例进行说明，见表 4-21。

表 4-21　xlabel 命令的调用格式

调 用 格 式	说　　明
xlabel ('string')	在当前轴对象中的 x 轴上标注说明语句 string
xlabel(fname)	先执行函数 fname，返回一个字符串，然后在 x 轴旁边显示出来
xlabel ('text', 'PropertyName', PropertyValue, …)	指定轴对象中要控制的属性名和要改变的属性值，参数"text"为要添加的标注名称

【例 4-14】绘制三条曲线并添加各种标注的图形。

解：MATLAB 程序如下。

```
>> x=linspace(0,4*pi,50);
>> y=sin(x);
>> z=cos(x);
>> w=0.25*x-0.5;     % 定义三个函数
>> plot(x,y,'b:',x,z,'r*',x,w,'g');    % 用不同线型绘制曲线
>> axis([0 2*pi -1.2 2]);     % 确定横轴和纵轴的范围
>> xlabel('x axis'),ylabel('function,z,w');% 标注横轴和纵轴的变量
```

运行结果如图 4-14 所示。

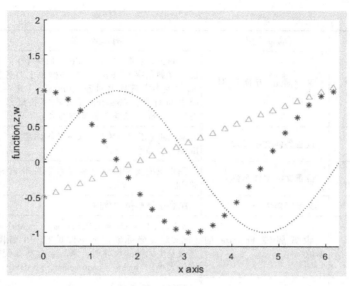

图 4-14　图形标注（一）

2. 标注图形

在给所绘得的图形进行详细的标注时，最常用的两个命令是 text 与 gtext，它们均可以在图形的具体部位进行标注。

text 命令的调用格式见表 4-22。

表 4-22　text 命令的调用格式

调 用 格 式	说　　　明
text(x,y,'string')	在图形中指定的位置（x,y）上显示字符串 string
text(x,y,z,'string')	在三维图形空间中的指定位置（x,y,z）上显示字符串 string
text(x,y,z,'string','PropertyName', PropertyValue,…)	在三维图形空间中的指定位置（x,y,z）上显示字符串 string，且对指定的属性进行设置，表 4-23 给出了文字属性名、含义及属性值的有效值与默认值

表 4-23　text 命令属性列表

属 性 名	含 义	有 效 值	默 认 值
Editing	能否对文字进行编辑	on、off	off
Interpretation	tex 字符是否可用	tex、none	tex
Extent	text 对象的范围（位置与大小）	[left,bottom, width, height]	随机
HorizontalAlignment	文字水平方向的对齐方式	left、center、right	left
Position	文字范围的位置	[x,y,z]直角坐标系	[]（空矩阵）
Rotation	文字对象的方位角度	标量 [单位为度（°）]	0
Units	文字范围与位置的单位	pixels（屏幕上的像素点）、normalized（把屏幕看成一个长、宽为 1 的矩形）、inches、centimeters、points、data	data

属 性 名	含 义	有 效 值	默 认 值
VerticalAlignment	文字垂直方向的对齐方式	normal（正常字体）、italic（斜体字）、oblique（斜角字）、top（文本外框顶上对齐）、cap（文本字符顶上对齐）、middle（文本外框中间对齐）、baseline（文本字符底线对齐）、bottom（文本外框底线对齐）	middle
FontAngle	设置斜体文字模式	normal（正常字体）、italic（斜体字）、oblique（斜角字）	normal
FontName	设置文字字体名称	用户系统支持的字体名或者字符串 Fixed-Width	Helvetica
FontSize	文字字体大小	结合字体单位的数值	10 points
FontUnits	设置属性 FontSize 的单位	points（1 points = 1/72inches）、normalized（把父对象坐标轴作为单位长的一个整体；当改变坐标轴的尺寸时，系统会自动改变字体的大小）、inches、centimeters、pixels	points
FontWeight	设置文字字体的粗细	light（细字体）、normal（正常字体）、demi（黑体字）、bold（黑体字）	normal
Clipping	设置坐标轴中矩形的剪辑模式	on：当文本超出坐标轴的矩形时，超出的部分不显示 off：当文本超出坐标轴的矩形时，超出的部分显示	off
EraseMode	设置显示与擦除文字的模式	normal、none、xor、background	normal
SelectionHighlight	设置选中文字是否突出显示	on、off	on
Visible	设置文字是否可见	on、off	on
Color	设置文字颜色	有效的颜色值：ColorSpec	
HandleVisibility	设置文字对象句柄对其他函数是否可见	on、callback、off	on
HitTest	设置文字对象能否成为当前对象	on、off	on
Seleted	设置文字是否显示出"选中"状态	on、off	off
Tag	设置用户指定的标签	任何字符串	' '（即空字符串）
Type	设置图形对象的类型	字符串'text'	
UserData	设置用户指定数据	任何矩阵	[ ]（即空矩阵）
BusyAction	设置如何处理对文字回调过程中断的句柄	cancel、queue	queue
ButtonDownFcn	设置当鼠标在文字上单击时，程序做出的反应	字符串	' '（即空字符串）
CreateFcn	设置当文字被创建时，程序做出的反应	字符串	' '（即空字符串）
DeleteFcn	设置当文字被删除（通过关闭或删除操作）时，程序做出的反应	字符串	' '（即空字符串）

表 4-23 中的这些属性及相应的值都可以通过 get 命令来查看，以及用 set 命令来修改。

gtext 命令可以让鼠标在图形的任意位置进行标注。当光标进入图形窗口时，会变成一个大十字架形，等待用户的操作。gtext 命令的调用格式见表 4-24。

表 4-24　gtext 命令的调用格式

调 用 格 式	说　　明
gtext(str)	在图形中鼠标指定的位置上插入文本 str
gtext(str,Name,Value)	使用一个或多个名称-值对组参数指定文本属性
t = gtext(…)	返回由 gtext 创建的文本对象的数组

调用这个函数后，图形窗口中的鼠标指针会成为十字光标，通过移动鼠标来进行定位，即光标移到预定位置后单击或按下键盘上的任意键都会在光标位置显示指定文本"string"。由于要用鼠标操作，该函数只能在 MATLAB 命令行窗口中进行。

【例 4-15】 画出正弦函数在 $[0, 2\pi]$ 上的图像，标出 $\sin\dfrac{3\pi}{4}$、$\sin\dfrac{5\pi}{4}$ 在图像上的位置，并在曲线上标出函数名。

解： MATLAB 程序如下。

```
>> x = 0:pi/50:2 * pi;
>> plot(x,sin(x))
>> title('正弦函数')
>>xlabel('x Value'),ylabel('sin(x)')
>> text(3 * pi/4,sin(3 * pi/4),'<---sin(3pi/4)')
>> text(5 * pi/4,sin(5 * pi/4),'sin(5pi/4) \rightarrow','HorizontalAlignment','right')
>>gtext('y = sin(x)')
```

运行结果如图 4-15 所示。

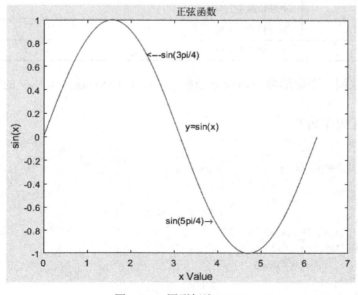

图 4-15　图形标注（二）

3. 标注图例

当在一幅图中出现多种曲线时,用户可以根据自己的需要,利用 legend 命令对不同的图例进行说明。它的调用格式见表 4-25。

表 4-25 legend 命令的调用格式

调 用 格 式	说　　明
legend('string1','string2',…,Pos)	用指定的文字 string1,string2,…,在当前坐标轴中对所给数据的每一部分显示一个图例
legend(h,'string1','string2'…)	用指定的文字 string 在一个包含于句柄向量 h 中的图形中显示图例
legend(string_matrix)	用字符矩阵参量 string_matrix 的每一行字符串作为标签
legend(h,string_matrix)	用字符矩阵参量 string_matrix 的每一行字符串作为标签给包含于句柄向量 h 中的相应的图形对象加标签
legend(axes_handle,…)	给由句柄 axes_handle 指定的坐标轴显示图例
legend_handle = legend	返回当前坐标轴中的图例句柄,若坐标轴中没有图例存在,则返回空向量
legend('off')	从当前的坐标轴中除掉图例
legend	对当前图形中所有的图例进行刷新
legend(legend_handle)	对由句柄 legend_handle 指定的图例进行刷新
legend(…,pos)	在指定的位置 pos 放置图,pos 的取值及相应的图例位置见表 4-26
h = legend(…)	返回图例的句柄向量

表 4-26 pos 取值

pos 取值	图 例 位 置
-1	坐标轴之外的右边
0	自动把图例置于最佳位置,使其与图中曲线的重复最少
1	坐标轴的右上角（默认位置）
2	坐标轴的左上角
3	坐标轴的左下角
4	坐标轴的右下角

【例 4-16】 在同一个图形窗口内画出函数 $y_1 = \sin x, y_2 = \tan x, y_3 = \cos x$ 的图像,并做出相应的图例标注。

解：MATLAB 程序如下。

```
>> close all
>> x = linspace(0,2*pi,100);
>> y1 = sin(x);
>> y2 = tan(x);
>> y3 = cos(x);
>> plot(x,y1,'-r',x,y2,'+b',x,y3,'*g')
>> title('三角函数')
>>xlabel('xValue'),ylabel('yValue')
>> axis([0 7 -2 3]);
>> legend('sin(x)','tan(x)','cos(x)')
```

运行结果如图4-16所示。

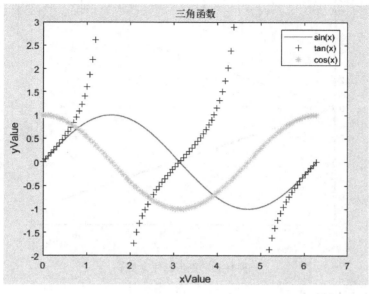

图4-16　图形标注（三）

4.3.3　分格线控制

为了使图像的可读性更强，可以利用grid命令给二维或三维图形的坐标面增加分格线，它的调用格式见表4-27。

表4-27　grid命令的调用格式

调 用 格 式	说　　明
grid on	给当前的坐标轴增加分格线
grid off	从当前的坐标轴中去掉分格线
grid	转换分隔线的显示与否的状态
grid(axes_handle,on|off)	对指定的坐标轴axes_handle是否显示分隔线

【例4-17】　在同一个图形窗口内画出函数 $y_1 = x, y_2 = -x$ 的图像，并加入格线。

解：MATLAB程序如下。

```
>> clear
>> close all
>> x = linspace(0,2 * pi,100);
>> y1 = x;
>> y2 = -x;
>> h = plot(x,y1,'-r',x,y2,'. k');
>> title('格线控制')
>> legend(h,'x','-x')
>> grid on
```

运行结果如图4-17所示。

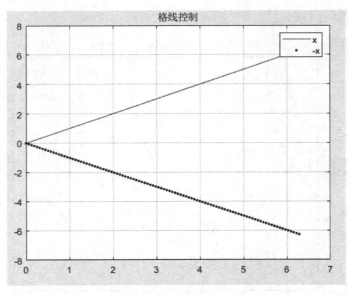

图 4-17　图形标注（四）

4.3.4　图形放大与缩小

在工程实际中，常常需要对某个图像的局部性质进行仔细观察，这时可以通过 zoom 命令将局部图像进行放大，从而便于用户观察。

zoom 命令的调用格式见表 4-28。

表 4-28　zoom 命令的调用格式

调用格式	说　　明
zoom on	打开交互式图形放大功能
zoom off	关闭交互式图形放大功能
zoom out	将系统返回非放大状态，并将图形恢复原状
zoom reset	系统将记住当前图形的放大状态，作为放大状态的设置值，当使用 zoom out 或双击鼠标时，图形并不是返回到原状，而是返回 reset 时的放大状态
zoom	用于切换放大的状态：on 和 off
zoomxon	只对 x 轴进行放大
zoom yon	只对 y 轴进行放大
zoom(factor)	用放大系数 factor 进行放大或缩小，而不影响交互式放大的状态。若 factor>1，系统将图形放大 factor 倍；若 0<factor≤1，系统将图形放大 1/factor 倍
zoom(fig, option)	对窗口 fig（不一定为当前窗口）中的二维图形进行放大，其中参数 option 为 on、off、xon、yon、reset、factor 等

在使用这个命令时，要注意当一个图形处于交互式的放大状态时，有两种放大图形的方法。一种是单击需要放大的部分，可使此部分放大一倍，这一操作可进行多次，直到 MAT-LAB 的最大显示为止；右击可使图形缩小一半，这一操作可进行多次，直到还原图形为止。另一种是用鼠标拖出要放大的部分，系统将放大选定的区域。该命令的作用与图形窗口中放大图标的作用是一样的。

4.4　三维绘图

MATLAB 三维绘图涉及的问题比二维绘图多，例如，是三维曲线绘图还是三维曲面绘图；三维曲面绘图中，是曲面网线绘图还是曲面色图；绘图坐标数据是如何构造的；什么是三维曲面的观察角度等。用于三维绘图的 MATLAB 高级绘图函数中，对于上述许多问题都设置了默认值，应尽量使用默认值，必要时认真阅读联机帮助。

为了显示三维图形，MATLAB 提供了各种各样的函数。有一些函数可在三维空间中画线，而另一些可以画曲面与线格框架。另外，颜色可以用来代表第四维。当颜色以这种方式使用时，不但它不再具有像照片中那样显示色彩的自然属性，而且也不具有基本数据的内在属性，所以把它称作彩色。本节主要介绍三维图形的作图方法和效果。

4.4.1　三维曲线命令

1. plot3 命令

plot3 命令是二维绘图 plot 命令的扩展，因此它们的使用格式也基本相同，只是在参数中多加了一个第三维的信息。例如，plot(x,y,s) 与 plot3(x,y,z,s) 的意义是一样的，前者绘的是二维图，后者绘的是三维图，后面的参数 s 也是用来控制曲线的类型、粗细、颜色等。因此，这里就不给出它的具体使用格式了，读者可以按照 plot 命令的格式来学习。

【例 4-18】画出如下空间线的图像。

$$x(t) = \sin(t)$$
$$y(t) = \cos(t)$$
$$z(t) = \cos(2t)$$

解： MATLAB 程序如下。

```
>> close all
>> t=linspace(0.2 * pi,800);
>>x = sin(t);
>>y = cos(t);
>>z = cos(2 * t);
>> plot3(x,y,z,'g')
>> title('空间线')
>>xlabel('sin(t)'),ylabel('cos(t)'),zlabel('cos2t')
```

运行结果如图 4-18 所示。

2. fplot3 命令

同二维情况一样，三维绘图里也有一个专门绘制符号函数的命令 fplot3，该命令的调用格式见表 4-29。

表 4-29　fplot3 命令的调用格式

调用格式	说　　明
fplot3(xt,yt,zt)	绘制参数曲线 xt = x(t),yt=y(t) 和 zt=z(t) 在默认间隔−5<t<5
plot3(xt,yt,zt,[a b])	绘制上述参数曲线在区域 x∈(a,b),y∈(a,b) 上的三维网格图

调用格式	说　明
fplot3(…, LineSpec)	使用 LineSpec 设置线条样式、标记符号和线条颜色
fplot3(…, Name, Value)	使用一个或多个 Name, Value 对参数指定行属性。将此选项与以前的语法中的任何输入参数组合一起使用。Name, Value 对设置应用于绘制的所有行。若要为各个行设置选项，请使用 fplot3 返回的对象
fplot3(ax, …)	绘制到坐标轴对象 ax 而不是当前轴 gca
fp = fplot3(…)	返回参数化函数行对象

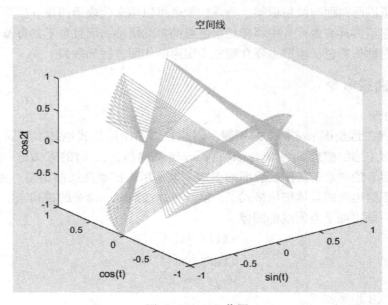

图 4-18　plot3 作图

【例 4-19】 画出下面的圆锥螺线的图像。

$$x = e^{-t/10}\sin(5t)$$
$$y = e^{-t/10}\cos(5t)$$
$$z = t$$

解：MATLAB 程序如下。

```
>> close all
>> syms t
>> xt = exp(-t/10).*sin(5*t);
>> yt = exp(-t/10).*cos(5*t);
>> zt = t;
>> fplot3(xt,yt,zt,[-10 10])
```

运行结果如图 4-19 所示。

3. ezplot3 命令

绘制三维参数化曲线的命令是 ezplot3，该命令的调用格式见表 4-30。

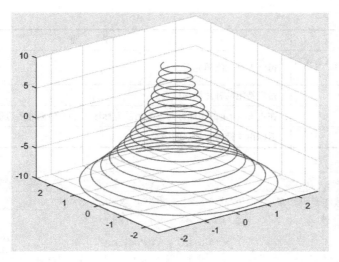

图 4-19　fplot3 作图

表 4-30　ezplot3 命令的调用格式

调用格式	说　明
ezplot3(x,y,z)	在系统默认的区域 $x \in (-2\pi, 2\pi)$，$y \in (-2\pi, 2\pi)$ 上画出空间曲线 $x = x(t)$，$y = y(t)$，$z = z(t)$ 的图形
ezplot3 (x,y,z,[a,b])	绘制上述参数曲线在区域 $x \in (a,b)$，$y \in (a,b)$ 上的三维网格图
ezplot3 (…,'animate')	产生空间曲线的一个动画轨迹

【例 4-20】 画出圆锥螺线的图像。

$$\begin{cases} x = t\cos t \\ y = t\sin t \quad t \in [0, 2\pi] \\ \quad z = t \end{cases}$$

解： MATLAB 程序如下。

```
>>syms t
>> x=t*cos(t);
>>y=t*sin(t);
>>z=t;
>>ezplot3(x,y,z,[0,2*pi])
>>ezplot3(x,y,z,'animate')
```

运行结果如图 4-20 所示，单击 "Repeat" 按钮，小球重新从曲线低端移动到顶端。

4. fill3 命令

三维绘图中填充三维多边形的命令是 fill3，该命令的调用格式见表 4-31。

表 4-31　fill3 命令的调用格式

调用格式	说　明
fill3(X,Y,Z,C)	填充三维多边形。C 指定颜色，其中 C 为当前颜色图索引的向量或矩阵
fill3(X,Y,Z,ColorSpec)	填充 X、Y 和 Z 定义的三维多边形（颜色由 ColorSpec 指定）

调 用 格 式	说　　明
fill3（X1，Y1，Z1，C1，X2，Y2，Z2，C2，…）	指定多个三维填充区
ezplot3（…，'animate'）	指定特定的补片属性设置值
fill3（ax，…）	在由 ax 指定的坐标区而不是当前坐标区（gca）中创建多边形
h = fill3（…）	返回由句柄对象构成的向量

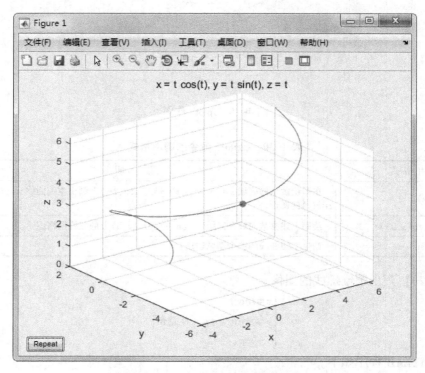

图 4-20　绘制参数曲线运动轨迹

【例 4-21】 创建填充的三维多边形。

解： MATLAB 程序如下。

```
>>X = [0 1 1 2; 1 1 2 2; 0 0 1 1];
>>Y = [1 1 1 1; 1 0 1 0; 0 0 0 0];
>>Z = [1 1 1 1; 1 0 1 0; 0 0 0 0];
>>C = [0.5000 1.0000 1.0000 0.5000;
       1.0000 0.5000 0.5000 0.1667;
       0.3330 0.3330 0.5000 0.5000];
>>fill3(X,Y,Z,C)
```

运行结果如图 4-21 所示。

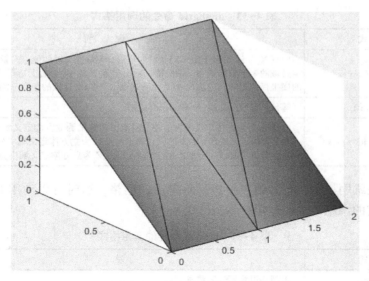

图 4-21　填充的三维多边形

4.4.2　三维网格命令

1. mesh 命令

mesh 命令生成的是由 X、Y 和 Z 指定的网线面，而不是单根曲线，它的调用格式见表 4-32。

表 4-32　mesh 命令的调用格式

调用格式	说　明
mesh(X,Y,Z)	绘制三维网格图，颜色和曲面的高度相匹配。若 X 与 Y 均为向量，且 $length(X)=n$，$length(Y)=m$，而 $[m,n]=size(Z)$，空间中的点（X(j),Y(i),Z(I,j)）为所画曲面网线的交点；若 X 与 Y 为矩阵，则空间中的点（X(i,j),Y(i,j),Z(i,j)）为所画曲面的网线的交点
mesh(X,Y,Z,c)	同 mesh(X,Y,Z)，只不过颜色由 c 指定
mesh(Z)	生成的网格图满足 X＝1:n 与 Y＝1:m，$[n,m]=size(Z)$，其中 Z 为定义在矩形区域上的单值函数
mesh(…, 'PropertyName', PropertyValue, …)	对指定的属性 PropertyName 设置属性值 PropertyValue，可以在同一语句中对多个属性进行设置
h = mesh(…)	返回图形对象句柄

2. meshgrid 命令

meshgrid 命令用来生成二元函数 $z=f(x,y)$ 中 xy 平面上的矩形定义域中数据点矩阵 X 和 Y，或者是三元函数 $u=f(x,y,z)$ 中立方体定义域中的数据点矩阵 X、Y 和 Z。它的调用格式也非常简单，见表 4-33。

表 4-33　meshgrid 命令的调用格式

调 用 格 式	说　　明
[X,Y] = meshgrid(x,y)	向量 X 为 xy 平面上矩形定义域的矩形分割线在 x 轴的值，向量 Y 为 xy 平面上矩形定义域的矩形分割线在 y 轴的值。输出向量 X 为 xy 平面上矩形定义域的矩形分割点的横坐标值矩阵，输出向量 Y 为 xy 平面上矩形定义域的矩形分割点的纵坐标值矩阵
[X,Y] = meshgrid(x)	等价于形式[X,Y] = meshgrid(x,x)
[X,Y,Z] = meshgrid(x,y,z)	向量 X 为立方体定义域在 x 轴上的值，向量 Y 为立方体定义域在 y 轴上的值，向量 Z 为立方体定义域在 z 轴上的值。输出向量 X 为立方体定义域中分割点的 x 轴坐标值，Y 为立方体定义域中分割点的 y 轴坐标值，Z 为立方体定义域中分割点的 z 轴坐标值

对于一个三维网格图，有时用户不想显示背后的网格，这时可以利用 hidden 命令来实现这种要求。它的调用格式也非常简单，见表 4-34。

表 4-34　hidden 命令的调用格式

调 用 格 式	说　　明
hidden on	将网格设为不透明状态
hidden off	将网格设为透明状态
hidden	在 on 与 off 之间切换

MATLAB 还有两个同类的函数：meshc 与 meshz。meshc 用来画图形的网格图加基本的等高线图，meshz 用来画图形的网格图与零平面的网格图。

【例 4-22】分别用 plot3、mesh、meshc 和 meshz 画出下面函数的曲面图形。

$$z = \frac{\sin \sqrt{x^2+y^2}}{\sqrt{x^2+y^2}}, -5 \leqslant x, y \leqslant 5$$

解：MATLAB 程序如下。

```
>> close all
>> x=-5:0.1:5;
>> [X,Y]=meshgrid(x);
>> Z=sin(sqrt(X.^2+Y.^2))./sqrt(X.^2+Y.^2);
>> subplot(2,2,1)
>> plot3(X,Y,Z)
>> title('plot3 作图')
>> subplot(2,2,2)
>> mesh(X,Y,Z)
>> title('mesh 作图')
>> subplot(2,2,3)
>>meshc(X,Y,Z)
>> title('meshc 作图')
>> subplot(2,2,4)
>>meshz(X,Y,Z)
>> title('meshz 作图')
```

运行结果如图 4-22 所示。

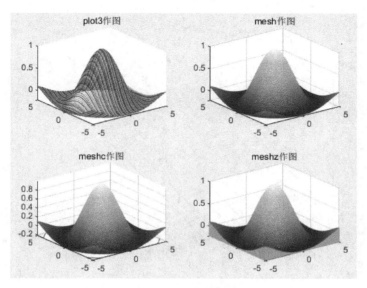

图 4-22　图像比较

3. ndgrid 命令

ndgrid 命令生成的是由 X、Y 和 Z 指定的 N 维空间中的矩形网格，它的调用格式见表 4-35。

表 4-35　ndgrid 命令的调用格式

调用格式	说　明
$[X1, X2, \cdots, Xn]$ = ndgrid (x1, x2, $\cdots$, xn)	复制网格向量 x1, x2, $\cdots$, xn 以生成 n 维完整网格

【例 4-23】 利用向量画出下面的曲面图形。

$z=x, 1 \leqslant x \leqslant 19, 2 \leqslant y \leqslant 20$

解： MATLAB 程序如下。

```
>> close all
>>[X,Y] = ndgrid(1:2:19,2:2:20);
>>Z = X;
>> mesh(X,Y,Z)
```

运行结果如图 4-23 所示。

4. peaks 命令

peaks 命令生成的是由 X、Y 和 Z 指定的类似山峰的曲面，是从高斯分布转换和缩放得来的包含两个变量的函数，它的调用格式见表 4-36。

表 4-36　peaks 命令的调用格式

调用格式	说　明
Z = peaks	返回一个 49×49 矩阵
$[X,Y,Z]$ = peaks($\cdots$)	返回两个矩阵 X 和 Y 用于参数绘图

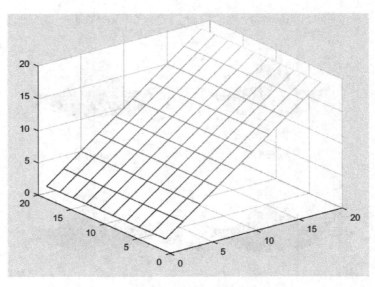

图 4-23 矩形网格图像

【例 4-24】创建由峰值组成的不同长度的矩阵并显示曲面。

解： MATLAB 程序如下。

```
>> close all
>> subplot(2,2,1)
>>peaks(5);
z =   3 * (1-x).^2. * exp(-(x.^2) - (y+1).^2) ...
      - 10 * (x/5 - x.^3 - y.^5). * exp(-x.^2-y.^2) ...
      - 1/3 * exp(-(x+1).^2 - y.^2)
>> title('5×5 矩阵')
>> subplot(2,2,2)
>>peaks(10);
z =   3 * (1-x).^2. * exp(-(x.^2) - (y+1).^2) ...
      - 10 * (x/5 - x.^3 - y.^5). * exp(-x.^2-y.^2) ...
      - 1/3 * exp(-(x+1).^2 - y.^2)
>> title('5×5 矩阵')
>> subplot(2,2,3)
>>peaks;
z =   3 * (1-x).^2. * exp(-(x.^2) - (y+1).^2) ...
      - 10 * (x/5 - x.^3 - y.^5). * exp(-x.^2-y.^2) ...
      - 1/3 * exp(-(x+1).^2 - y.^2)
>> title('49×49 矩阵')
>> subplot(2,2,4)
>>peaks(100);
z =   3 * (1-x).^2. * exp(-(x.^2) - (y+1).^2) ...
      - 10 * (x/5 - x.^3 - y.^5). * exp(-x.^2-y.^2) ...
      - 1/3 * exp(-(x+1).^2 - y.^2)
>> title('100×100 矩阵')
```

运行结果如图 4-24 所示。

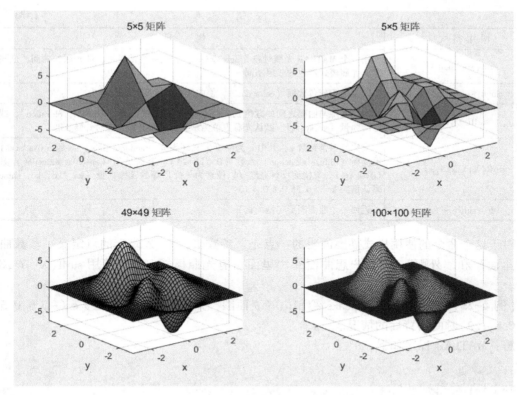

图 4-24　峰值图像比较

4.4.3　三维曲面命令

曲面图是在网格图的基础上,在小网格之间用颜色填充。它的一些特性正好和网格图相反,它的线条是黑色的,线条之间有颜色;在网格图里,线条之间是黑色的,而线条有颜色。在曲面图里,人们不必考虑像网格图一样隐蔽线条,但要考虑用不同的方法对表面加色彩。

1. surf 命令

surf 命令的使用格式与 mesh 命令完全一样,这里就不再详细说明了,读者可以参考 mesh 命令的使用格式。

与上面的 mesh 命令一样,surf 也有两个同类的命令:surfc 与 surfl。surfc 用来画出有基本等值线的曲面图;surfl 用来画出一个有亮度的曲面图。

surfl 命令的调用格式见表 4-37。

表 4-37　surfl 命令的调用格式

调用格式	说　明
surfl(Z)	以向量 Z 的元素生成一个三维的带阴影的曲面,其中阴影模式中的默认光源方位为从当前视角开始,逆时针转 45°
surfl(X,Y,Z)	以矩阵 X,Y,Z 生成的一个三维的带阴影的曲面,其中阴影模式中的默认光源方位为从当前视角开始,逆时针转 45°

调 用 格 式	说　　明
surfl(…,'light')	用一个 MATLAB 光照对象（light object）生成一个带颜色、带光照的曲面，这与用默认光照模式产生的效果不同
sur fl(…,'cdata')	改变曲面颜色数据（color data），使曲面成为可反光的曲面
surfl(…,s)	指定光源与曲面之间的方位 s，其中 s 为一个二维向量 [azimuth, elevation]，或者三维向量 [sx,sy,sz]，默认光源方位为从当前视角开始，逆时针转 45°
surfl(X,Y,Z,s,k)	指定反射常系数 k，其中 k 为一个定义环境光（ambient light）系数（$0 \leqslant ka \leqslant 1$）、漫反射（diffuse reflection）系数（$0 \leqslant kb \leqslant 1$）、镜面反射（specular reflection）系数（$0 \leqslant ks \leqslant 1$）与镜面反射亮度（以像素为单位）等的四维向量 [ka, kd, ks, shine]，默认值为 k = [0.55 0.6 0.4 10]
h = surfl(…)	返回一个曲面图形句柄向量 h

对于这个命令的使用格式需要说明的一点是，参数 X，Y，Z 确定的点定义了参数曲面的"里面"和"外面"，若用户想曲面的"里面"有光照模式，只要使用 surfl(X',Y',Z')即可。

【例 4-25】 利用内部函数 peaks 绘制山峰表面图，并观察山峰曲面在 $x \in (-0.6, 0.5)$，$y \in (0.8, 1.2)$ 时曲面背后的情况。

解：MATLAB 程序如下。

```
>> close all
>> [X,Y,Z] = peaks(30);
>> subplot(2,2,1),surf(X,Y,Z)
>> title('山峰表面')
>>xlabel('x-axis'),ylabel('y-axis '),zlabel('z-axis')
>> grid
>> subplot(2,2,2), surfc(X,Y,Z)
>> title('带等值线的山峰表面')
>>xlabel('x-axis'),ylabel('y-axis '),zlabel('z-axis')
>> grid
>> subplot(2,2,3), surfl(X,Y,Z)
>> title('加亮山峰表面')
>>xlabel('x-axis'),ylabel('y-axis '),zlabel('z-axis')
>> grid
>> x=X(1,:);
>> y=Y(:,1);
>> i=find(y>0.8 & y<1.2);
>> j=find(x>-.6 & x<.5);
>> Z(i,j)=nan*Z(i,j);
>> subplot(2,2,4),surf(X,Y,Z);
>> title('带洞孔的山峰表面');
>>xlabel('x-axis'),ylabel('y-axis '),zlabel('z-axis')
```

运行结果如图 4-25 所示。

2. fsurf 命令

该命令专门用来绘制符号函数 f(x,y)（即 f 是关于 x、y 的数学函数的字符串表示）的

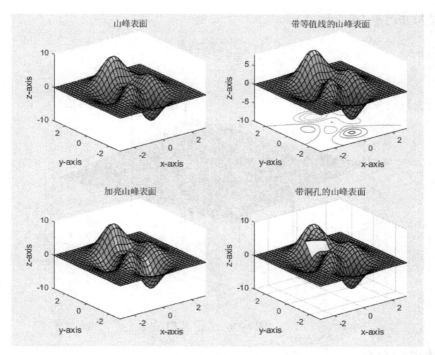

图 4-25　不同样式的山峰表面图

表面图形，它的调用格式见表 4-38。

表 4-38　**fsurf 命令的调用格式**

调用格式	说　　明
fsurf(f)	绘制 f 在系统默认区域 $x \in (-2\pi, 2\pi)$ $y \in (-2\pi, 2\pi)$ 内的三维表面图
fsurf(f,[a,b])	绘制 f 在区域 $x \in (a,b)$ $y \in (a,b)$ 内的三维表面图
fsurf(f,[a,b,c,d])	绘制 f 在区域 $x \in (a,b)$ $y \in (c,d)$ 内的三维表面图
fsurf(x,y,z)	绘制参数曲面 $x = x(s,t)$, $y = y(s,t)$, $z = z(s,t)$ 在系统默认的区域 $s \in (-2\pi, 2\pi)$ $y \in (-2\pi, 2\pi)$ 内的三维表面图
fsurf(x,y,z,[a,b])	绘制上述参数曲面在 $x \in (a,b)$ $y \in (a,b)$ 内的三维表面图
fsurf(x,y,z,[a,b,c,d])	绘制上述参数曲面在 $x \in (a,b)$ $y \in (c,d)$ 内的三维表面图
fsurf(⋯,LineSpec)	使用 LineSpec 设置线条样式、标记符号和面颜色
fsurf(⋯,Name,Value)	使用一个或多个 Name, Value 对参数指定行属性。将此选项用于上一个语法中的任何输入参数组合
fsurf(ax)	用对象 ax 绘制到轴，而不是当前的轴对象 gca

【例 4-26】 画出下面参数曲面的图像：

$$f(x,y) = \tan(x + iy) \qquad -5 < x, y < 5$$

解：MATLAB 程序如下：

```
>> close all
>>syms f(x,y)
>>f(x,y) = real(tan(x + i * y));
>>fsurf(f)
>> title('符号函数曲面图')
```

运行结果如图 4-26 所示。

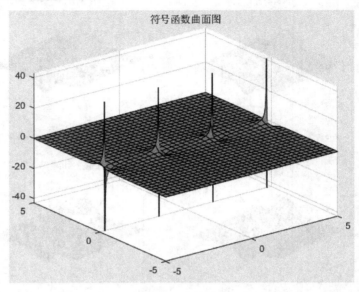

图 4-26　fsurf 作图

4.4.4　散点图命令

散点图命令 scatter3 生成的是由 X、Y 和 Z 指定的网线面，而不是单根曲线，它的调用格式见表 4-39。

表 4-39　scatter3 命令的调用格式

调 用 格 式	说　　明
scatter3(X,Y,Z)	在 X，Y 和 Z 指定的位置显示圆
scatter3(X,Y,Z,S)	以 S 指定的大小绘制每个圆
scatter3(X,Y,Z,S,C)	用 C 指定的颜色绘制每个圆
scatter3(…,'filled')	使用前面语法中的任何输入参数组合填充圆圈
scatter3(…,markertype)	markertype 指定标记类型
scatter3(…,Name,Value)	对指定的属性 Name 设置属性值 Value，可以在同一语句中对多个属性进行设置
scatter3(ax,…)	绘制到 ax 指定的轴中
h = scatter3(…)	使用 h 修改散点图的属性

【例 4-27】绘制三维散点图。

解： MATLAB 程序如下。

```
>> close all
>> [X,Y,Z] = peaks;
>> x = [0.5 * X(:); 0.75 * X(:); X(:)];
>> y = [0.5 * Y(:); 0.75 * Y(:); Y(:)];
>> z = [0.5 * Z(:); 0.75 * Z(:); Z(:)];
>> scatter3(x,y,z)
```

运行结果如图 4-27 所示。

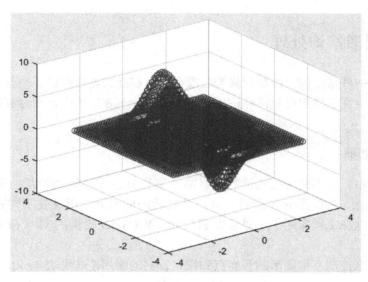

图 4-27　散点图

【例 4-28】 绘制螺旋散点图。

解： MATLAB 程序如下。

```
>> x=1:0.1:10;              %定义 x
>> y= sin(x)+cos(x);       %定义 y
>> z= x;                    %定义 z
>>scatter3(x,y,z,'filled')
```

运行结果如图 4-28 所示。

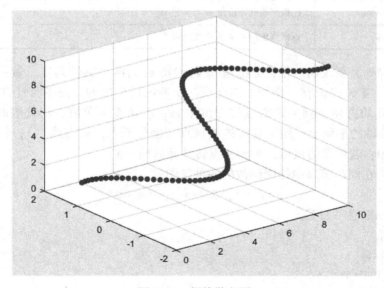

图 4-28　螺旋散点图

4.5　三维图形修饰处理

本节主要讲一些常用的三维图形修饰处理命令，在前文里已经讲了一些二维图形修饰处理命令，这些命令在三维图形里同样适用。下面来看一下在三维图形里特有的图形修饰处理命令。

4.5.1　视角处理

在现实空间中，从不同角度或位置观察某一事物就会有不同的效果，即会有"横看成岭侧成峰"的感觉。三维图形表现的正是一个空间内的图形，因此在不同视角及位置都会有不同的效果，这在工程实际中也是经常遇到的。MATLAB 提供的 view 命令能够很好地满足这种需要。

view 命令用来控制三维图形的观察点和视角，它的调用格式见表 4-40。

表 4-40　view 命令的调用格式

调 用 格 式	说　　明
view(az,el)	给三维空间图形设置观察点的方位角 az 与仰角 el
view([az,el])	
view([x,y,z])	将点 (x,y,z) 设置为视点
view(2)	设置默认的二维形式视点，其中 az=0，el=90°，即从 z 轴上方观看
view(3)	设置默认的三维形式视点，其中 az=−37.5°，el=30°
[az,el] = view	返回当前的方位角 az 与仰角 el
T = view	返回当前的 4×4 的转换矩阵 T

对于这个命令需要说明的是，方位角 az 与仰角 el 为两个旋转角度。做一通过视点和 z 轴平行的平面，与 xy 平面有一交线，该交线与 y 轴的反方向的、按逆时针方向（从 z 轴的方向观察）计算的夹角，就是观察点的方位角 az；若角度为负值，则按顺时针方向计算。在通过视点与 z 轴的平面上，用一直线连接视点与坐标原点，该直线与 xy 平面的夹角就是观察点的仰角 el；若仰角为负值，则观察点转移到曲面下面。

【例 4-29】在同一窗口中绘制函数的各种视图。

$$z=x^y-y^x,-5\leqslant x\leqslant 5,-5\leqslant y\leqslant 5$$

解：MATLAB 程序如下：

```
>>x = 0:0.16:5;
>>y = 0:0.16:5;
>>[xx,yy] = meshgrid(x,y);
>>zz = xx.^yy-yy.^xx;
>>h = surf(x,y,zz);
>>h.EdgeColor = [0.7 0.7 0.7];
>>view(20,50);
```

```
>>colormap(hsv);
>>title('z = x^y-y^x');
>>xlabel('x');
>>ylabel('y');
>>hold on;
```

运行结果如图 4-29 所示。

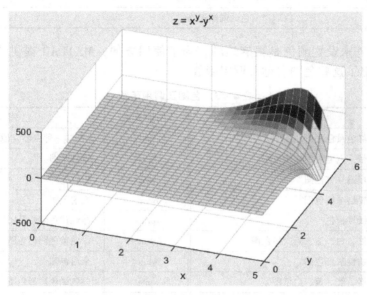

图 4-29 函数的网格图

4.5.2 颜色处理

1. 颜色控制

在绘图的过程中，对图形添加不同的颜色，会大大增加图像的可视化效果。在计算机中，颜色是通过对红、绿、蓝 3 种颜色进行适当的调配得到的。在 MATLAB 中，这种调配是用一个三维向量［R G B］实现的，其中 R、G、B 的值代表 3 种颜色之间的相对亮度，它们的取值范围均在 0~1 之间。表 4-41 中列出了一些常用的颜色调配方案。

表 4-41 颜色调配表

调配矩阵	颜　　色	调配矩阵	颜　　色
［1 1 1］	白色	［1 1 0］	黄色
［1 0 1］	洋红色	［0 1 1］	青色
［1 0 0］	红色	［0 0 1］	蓝色
［0 1 0］	绿色	［0 0 0］	黑色
［0.5 0.5 0.5］	灰色	［0.5 0 0］	暗红色
［1 0.62 0.4］	肤色	［0.49 1 0.83］	碧绿色

在 MATLAB 中，控制及实现这些颜色调配的主要命令为 colormap，它的调用格式也非常简单，见表 4-42。

表 4-42　colormap 命令的调用格式

调 用 格 式	说　明
colormap（[R G B]）	设置当前色图为由矩阵 [R G B] 所调配出的颜色
colormap（'default'）	设置当前色图为默认颜色
cmap = colormap	获取当前色图的调配矩阵

利用调配矩阵来设置颜色是很麻烦的。为了使用方便，MATLAB 提供了几种常用的色图。表 4-43 给出了这些色图名称及调用函数。

表 4-43　色图及调用函数

调 用 函 数	色 图 名 称	调 用 函 数	色 图 名 称
autumn	红色黄色阴影色图	jet	hsv 的一种变形（以蓝色开始和结束）
bone	带一点蓝色的灰度色图	lines	线性色图
colorcube	增强立方色图	pink	粉红色图
cool	青红浓淡色图	prism	光谱色图
copper	线性铜色	spring	洋红黄色阴影色图
flag	红、白、蓝、黑交错色图	summer	绿色黄色阴影色图
gray	线性灰度色图	white	全白色图
hot	黑、红、黄、白色图	winter	蓝色绿色阴影色图
hsv	色彩饱和色图（以红色开始和结束）		

2. 色图明暗控制命令

MATLAB 中，控制色图明暗的命令是 brighten 命令，它的调用格式见表 4-44。

表 4-44　brighten 命令的调用格式

调 用 格 式	说　明
brighten（beta）	增强或减小色图的色彩强度，若 0<beta<1，则增强色图强度；若−1<beta<0，则减小色图强度
brighten（h,beta）	增强或减小句柄 h 指向的对象的色彩强度
newmap = brighten（beta）	返回一个比当前色图增强或减弱的新的色图
newmap = brighten（cmap,beta）	该命令没有改变指定色图 cmap 的亮度，而是返回变化后的色图给 newmap

【例 4-30】 观察山峰函数的 3 种不同色图下的图像。

解： MATLAB 程序如下。

```
>> h1 = figure;
>> surf（peaks）;
>> title（'当前色图'）
>> h2 = figure;
>> surf（peaks）,brighten（−0. 85）
>> title（'减弱色图'）
```

```
>> h3 = figure;
>> surf(peaks), brighten(0.85)
>> title('增强色图')
```

运行结果会有 3 个图形窗口出现，每个窗口的图形如图 4-30 所示。

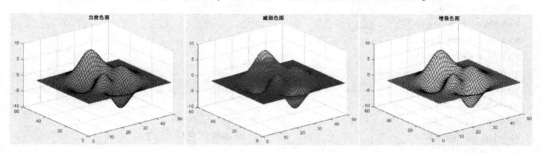

图 4-30　色图强弱对比

3. 色轴刻度

caxis 命令控制着对应色图的数据值的映射图。它通过将被变址的颜色数据（CData）与颜色数据映射（CDataMapping）设置为 scaled，影响着任何的表面、块、图像；该命令还改变坐标轴图形对象的属性 Clim 与 ClimMode。

caxis 命令的调用格式见表 4-45。

表 4-45　caxis 命令的调用格式

调用格式	说　　明
caxis([cmin cmax])	将颜色的刻度范围设置为 [cmin cmax]。数据中小于 cmin 或大于 cmax 的，将分别映射于 cmin 与 cmax；处于 cmin 与 cmax 之间的数据将线性地映射于当前色图
caxis auto	让系统自动地计算数据的最大值与最小值对应的颜色范围，这是系统的默认状态。数据中的 Inf 对应于最大颜色值；-Inf 对应于最小颜色值；颜色值设置为 NaN 的面或边界将不显示
caxis manual caxis(caxis)	冻结当前颜色坐标轴的刻度范围。这样，当 hold 设置为 on 时，可使后面的图形命令使用相同的颜色范围
v = caxis	返回一包含当前正在使用的颜色范围的二维向量 v = [cmin cmax]
caxis(axes_handle,…)	使用由参量 axis_handle 指定的坐标轴，而非当前坐标轴

在 MATLAB 中，还有一个画色轴的命令 colorbar，这个命令在图形窗口的工具条中有相应的图标，它的调用格式见表 4-46。

表 4-46　colorbar 命令的调用格式

调用格式	说　　明
colorbar	在当前图形窗口中显示当前色轴
colorbar('vert')	增加一个垂直色轴
colorbar('horiz')	增加一个水平色轴
colorbar(h)	在 h 指定的位置放置一个色轴，若图形宽度大于高度，则将色轴水平放置
h = colorbar(…)	返回一个指向色轴的句柄

【例 4-31】 创建一个简单的颜色圈，并将其顶端映射为颜色表里的最高值。

解： MATLAB 程序如下。

```
>> close all
>>n = 6;
>>r = (0:n)'/n;
>>theta = pi * (-n:n)/n;
>>X = r * cos(theta);
>>Y = r * sin(theta);
>>Z = r * cos(2 * theta);
>> C=Z;
>> subplot(1,2,1);
>> surf(X,Y,Z,C);                        % 绘制三维曲面
>>colorbar('horiz')                       % 添加横向色标
>> title('图 1');
>>subplot(1,2,2);
>> surf(X,Y,Z,C),caxis([-1 0]);          % 增加明暗程度
>> title('图 2')
>>colorbar    % 添加纵向色标
```

运行结果如图 4-31 所示。

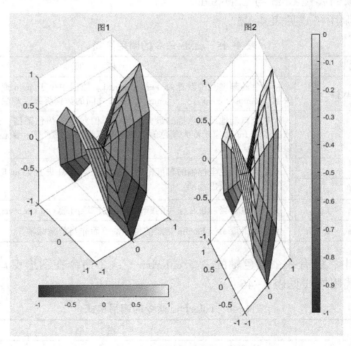

图 4-31　色轴控制图

4. 颜色渲染设置

shading 命令用来控制曲面与补片等的图形对象的颜色渲染，同时设置当前坐标轴中的所有曲面与补片图形对象的属性 EdgeColor 与 FaceColor。

shading 命令的调用格式见表 4-47。

表 4-47　shading 命令的调用格式

调 用 格 式	说　　明
shading flat	使网格图上的每一线段与每一小面有一相同颜色，该颜色由线段末端的颜色确定；或由小面的、有小型的下标或索引的四个角的颜色确定
shading faceted	用重叠的黑色网格线来达到渲染效果。这是默认的渲染模式
shading interp	在每一线段与曲面上显示不同的颜色，该颜色为通过在每一线段两边或为不同小曲面之间的色图的索引或真颜色进行内插值得到的颜色

【例 4-32】 针对下面的函数比较上面三种使用格式得出图形的不同。

$$z = \frac{\sin\sqrt{x^2+y^2}}{\sqrt{x^2+y^2}} \quad -7.5 \leqslant x,y \leqslant 7.5$$

解：MATLAB 程序如下。

```
>> [X,Y] = meshgrid(-7.5:0.5:7.5);
>> Z = sin(sqrt(X.^2+Y.^2))./sqrt(X.^2+Y.^2);
>> subplot(2,2,1);
>> surf(X,Y,Z);
>> title('三维视图');
>> subplot(2,2,2), surf(X,Y,Z),shading flat;
>> title('shading flat');
>> subplot(2,2,3), surf(X,Y,Z),shading faceted;
>> title('shading faceted');
>> subplot(2,2,4),surf(X,Y,Z),shading interp;
>> title('shading interp')
```

运行结果如图 4-32 所示。

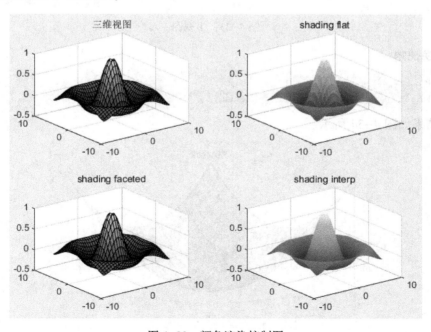

图 4-32　颜色渲染控制图

4.6　操作实例——绘制函数的三维视图

函数方程为 $z = x^2 + y^2$, $-5 \leqslant x \leqslant 5$, $-5 \leqslant y \leqslant 5$, 绘制该函数方程的三维视图。

操作步骤如下。

1. 绘制三维图形

```
>> [X,Y] = meshgrid(-5:0.5:5);
>> Z=X.^2 + Y.^2;
>> subplot(3,3,1)
>>C = Z;
>>surf(X,Y,Z,C)
>>colorbar    % 添加色标
>> title('主视图')
```

运行结果如图 4-33 所示。

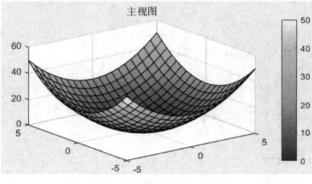

图 4-33　主视图

2. 转换视角

```
>>subplot(3,3,2)
>> surf(X,Y,Z),view(-135,9),title('三维视图')
```

运行结果如图 4-34 所示。

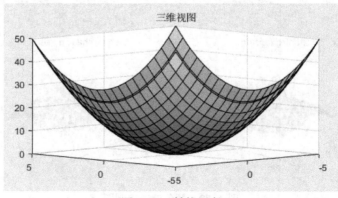

图 4-34　转换视角

3. 视图添加等值线

```
>> subplot(3,3,3), surfc(X,Y,Z)
>> title('带等值线的表面图')
>> grid
```

运行结果如图 4-35 所示。

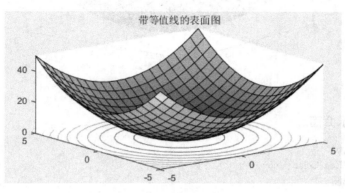

图 4-35　带等值线的表面图

4. 填充图形

```
>> subplot(3,3,4)
>> hold on
>>fill3(X,Y,Z,'bo'),view(20,15),title('填充图')
```

运行结果如图 4-36 所示。

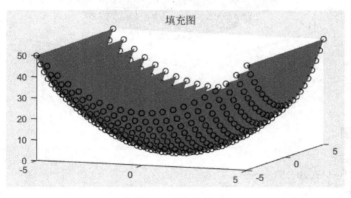

图 4-36　填充结果

5. 创建半透明曲面

```
>> subplot(3,3,5)
>>surf(X,Y,Z,'FaceAlpha',0.5)
>> title('半透明曲面')
```

运行结果如图 4-37 所示。

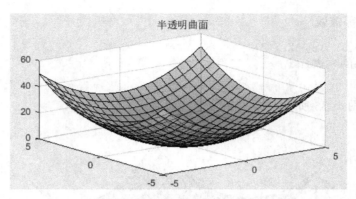

图 4-37　半透明曲面

6. 关闭边显示曲面

```
>> subplot(3,3,6)
>>surf(X,Y,Z,'EdgeColor', 'none')
>> title('无边视图')
```

运行结果如图 4-38 所示。

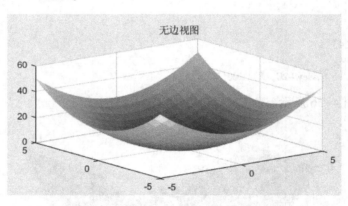

图 4-38　无边视图

7. 半透明视图

```
>> subplot(3,3,7)
>> surf(X,Y,Z),view(20,15)
>> shadinginterp
>> alpha(0.5)
>>colormap(summer)
>> title('半透明图')
```

运行结果如图 4-39 所示。

8. 透视图

```
>> subplot(3,3,8)
>> surf(X,Y,Z),view(20,15)
>>shading interp
```

```
>>hold on,mesh(X,Y,Z),colormap(hot)    %透视图结果如图 4-40 所示
>>hold off
>> hidden off
>>axis equal
>> title('透视图')
```

转换坐标系后的运行结果如图 4-41 所示。

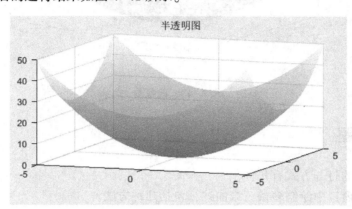

图 4-39　半透明图

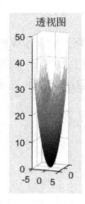

图 4-40　透视图结果

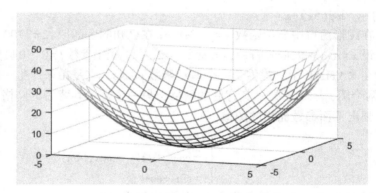

图 4-41　坐标系转换结果

9. 裁剪处理

```
>> subplot(3,3,9)
>> surf(X,Y,Z), view(20,15)
>>ii=find(abs(X)>6|abs(Y)>6);
>> Z(ii)=zeros(size(ii));
>>surf(X,Y,Z),shading interp;colormap(copper)
>>light('position',[0,-15,1]);lighting phong
>>material([0.8,0.8,0.5,10,0.5])
>> title('裁剪图')
```

运行结果如图 4-42 所示。

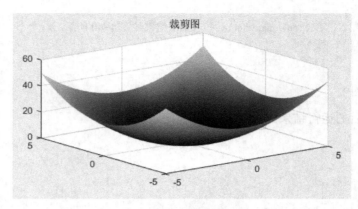

图 4-42 裁剪图

4.7 课后习题

1. 图形窗口的打开方式有几种？

2. 在同一个窗口中绘制多条三维曲线，包括几种方法？

3. 绘制下面的曲线。

（1） $y = \sin(4\pi x) * \cos(4\pi x)$

（2） $y = \log(5x) + x$

4. 在图形窗口中显示函数 $y = \sin x + \cos x$ 在已知的区间 $[1, 2\pi]$ 100 等分取值计算的结果。

5. 设 $x = r\cos t + 3t, y = r\sin t + 3$，分别令 $r = 2, 3, 4$，画出参数 $t = 0 \sim 10$ 区间生成的 $x \sim y$ 曲线。

6. 在 MATLAB 中，提供了一个演示函数 peaks，它是用来产生一座山峰曲面的函数，利用它画两个图，一个不显示其背后的网格，另一个显示其背后的网格。

7. 画出下面参数曲面的图像：

$$\begin{cases} x = \sin(s+t) \\ y = \cos(s+t) & -\pi < s, t < \pi \\ z = \sin s + \cos t \end{cases}$$

8. 利用 MATLAB 内部函数 peaks 绘制山峰表面图。

9. 画出一个半径变化的柱面。

10. 绘制具有 5 个等值线的山峰函数 peaks，然后对各个等值线进行标注，并给所画的图加上标题。

11. 画出下面的三维曲线的图像。

$$\begin{cases} x = \cos^3 t \\ y = \sin^3 t & t \in [0, 2\pi] \\ z = t \end{cases}$$

12. 画出下面函数的图像。

$$f(x, y) = \frac{\sin(x^2 + y^2)}{x^2 + y^2} \quad -\pi < x, y < \pi$$

13. 画出曲面 $z = xe^{-\cos x - \sin y}$ 在 $x \in [-2\pi, 2\pi]$ $y \in [-2\pi, 2\pi]$ 的图像及其在 xy 面的等值线图。

第5章　符号运算

在数学、物理学及力学等各种学科和工程应用中，经常还会遇到符号运算的问题，在MATLAB中，符号运算在特定的情况下，使用符号或数值表达式进行不同的运算。所以，符号运算可以解决关于字符与多项式、方程等方面关于数字与字符的问题。本章详细讲解符号运算的基本函数及其应用。

5.1　符号与多项式

符号运算是 MATLAB 数值计算的扩展，在运算过程中以符号表达式或符号矩阵为运算对象，实现了符号计算和数值计算的相互结合，使应用更灵活。

5.1.1　字符串

字符和字符串运算是各种高级语言中必不可少的部分。MATLAB 作为一种高级的数字计算语言，字符串运算功能同样是很丰富的，特别是 MATLAB 增加了自己的符号运算工具箱（Symbolic toolbox）之后，字符串函数的功能进一步得到增强。而且此时的字符串已不再是简单的字符串运算，而是 MATLAB 符号运算表达式的基本构成单元。

1. 字符串的生成

（1）直接赋值生成

在 MATLAB 中，所有的字符串都应用单引号设定后输入或赋值（input 命令除外）。在MATLAB 中，字符串与字符数组基本上是等价的。可以用函数 size 来查看数组的维数。字符串的每个字符（包括空格）都是字符数组的一个元素。

【例 5-1】利用单引号生成字符串示例。

解：MATLAB 程序如下。

```
>> s='MATLAB 2018 Functions'
s =
    'MATLAB 2018 Functions'
>> size(s)
ans =
     1    21
>> s(8)
ans =
    '2'
```

（2）由函数 char 来生成字符数组

【例 5-2】用函数 char 来生成字符数组示例。

解：MATLAB 程序如下。

```
>> s=char('s','y','m','b','l','i','c')
s =
    's'
    'y'
    'm'
    'b'
    'l'
    'i'
    'c'
>> s'
ans =
'symblic'
```

其中，s 为 7×1 char 数组。

【例 5-3】 用函数 char 来生成时间数组示例。

解： 在 MATLAB 命令行窗口中输入如下命令。

```
>> D = hours(23:25) + minutes(8) + seconds(1.2345)
D =
    23.134 小时    24.134 小时    25.134 小时
>> C = char(D)
C =
    '23.134 小时'
    '24.134 小时'
    '25.134 小时'
```

其中，D 为 1×3 duration 数组；C 为 3×8 char 数组。

2. 数值数组和字符串之间的转换

数值数组和字符串之间的转换，可由表 5-1 中的函数实现。

表 5-1   数值数组和字符串之间的转换函数

命 令 名	说 明	命 令 名	说 明
num2str	数字转换成字符串	str2num	字符串转换为数字
in2str	整数转换成字符串	spintf	将格式数据写成字符串
mat2str	矩阵转换成字符串	sscanf	在格式控制下读字符串

【例 5-4】 数字数组和字符串转换示例。

解： MATLAB 程序如下。

```
>> x=[1:5];
>> y=num2str(x);
>> x*2
ans =
    2    4    6    8    10
>> y*2
ans =
```

98	64	64	100	64	64	102	64	64	104	64
64	106									

> 📖 **注意**：数值数组转换成字符数组后，虽然表面上形式相同，但注意它此时的元素是字符而非数字，因此要使字符数组能够进行数值计算，应先将它转换成数值。

3. 字符串操作

MATLAB 对字符串的操作与 C 语言完全相同，见表 5-2。

表 5-2　字符串操作函数

命　令　名	说　　　　明	命　令　名	说　　　　明
strcat	水平串联字符串	strrep	以其他字符串代替此字符串
strvcat	垂直链接字符串	strtok	寻找字符串中记号
strcmp	比较字符串	upper	转换字符串为大写
strncmp	比较字符串的前 n 个字符	lower	转换字符串为小写
findstr	在其他字符串中找此字符串	blanks	生成空字符串
strjust	证明字符数组	deblank	移去字符串内空格

【例 5-5】 字符串操作示例。

解： MATLAB 程序如下。

```
>>s1 = 'Good ';
>>s2 = 'Morning';
>>s = [ s1 s2]
>>strcat( s1,s2)
>>strcat( s1,s2)
ans =
    'GoodMorning'
>>strvcat( s1,s2)
ans =
    2×7 char 数组
    'Good   '
    'Morning'
>> s2 = strrep( 'Morning', 'Morning', 'Evening ') ;
>>strcat( s1,s2)
>>strcat( s1,s2)
ans =
    'GoodEvening'
>>lower( s1)
ans =
    'good '
```

5.1.2　单元型变量

单元型变量是以单元为元素的数组，每个元素称为单元，每个单元可以包含其他类型的数组，如实数矩阵、字符串、复数向量。单元型变量通常由"{}"创建，其数据通过数组下标来引用。

1. 单元型变量的创建

单元型变量的定义有两种方式，一种是用赋值语句直接定义，另一种是由 cell 函数预先分配存储空间，然后对单元元素逐个赋值。

（1）赋值语句直接定义

在直接赋值过程中，与在矩阵的定义中使用中括号不同，单元型变量的定义需要使用大括号，而元素之间由逗号隔开。

【例 5-6】 创建一个 2×2 的单元型数组。

解： MATLAB 程序如下。

```
>> A=[1 2;3 4];
>> B=3+2*i;
>> C='efg';
>> D=2;
>> E={A,B,C,D}
E =
1×4 cell 数组
    [2x2 double]    [3.0000 + 2.0000i]    'efg'    [2]
```

MATLAB 语言会根据显示的需要决定是将单元元素完全显示，还是只显示存储量来代替。

（2）对单元的元素逐个赋值

该方法的操作方式是先预分配单元型变量的存储空间，然后对变量中的元素逐个进行赋值。实现预分配存储空间的函数是 cell。

上面例子中的单元型变量 E 还可以由以下方式定义。

```
>> E=cell(1,3);
>>E{1,1}=[1:4];
>>E{1,2}=B;
>> E{1,3}=2;
>>E
E =
[1x4 double]    [3.0000 + 2.0000i]    [2]
```

2. 单元型变量的引用

单元型变量的引用应当采用大括号作为下标的标识，而小括号作为下标标识符则只显示该元素的压缩形式。

【例 5-7】 单元型变量的引用示例。

解： MATLAB 程序如下。

```
>> E{1}
ans =
    1    2    3    4
>> E(1)
ans =
```

1×1 cell 数组
[1x4 double]

3. MATLAB 中有关单元型变量的函数

MATLAB 中有关单元型变量的函数见表 5-3。

表 5-3　MATLAB 中有关单元型变量的函数

函　数　名	说　　明
cell	生成单元型变量
cellfun	对单元型变量中的元素作用的函数
celldisp	显示单元型变量的内容
cellplot	用图形显示单元型变量的内容
num2cell	将数值转换成单元型变量
deal	输入输出处理
cell2struct	将单元型变量转换成结构型变量
struct2cell	将结构型变量转换成单元型变量
iscell	判断是否为单元型变量
reshape	改变单元数组的结构

【例 5-8】 判断例 5-7 中 E 的元素是否为逻辑变量。

解：MATLAB 程序如下。

```
>> cellfun('islogical',E)
ans =
1×3 logical 数组
    0    0    0
>>cellplot(E)
```

结果如图 5-1 所示。

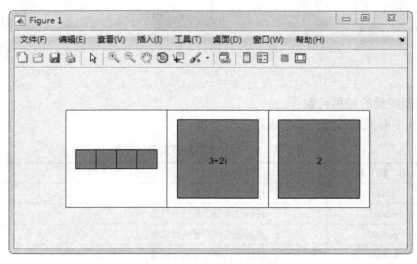

图 5-1　图形单元变量输出

5.1.3 结构型变量

1. 结构型变量的创建和引用

结构型变量是根据属性名（field）组织起来的不同数据类型的集合。结构的任何一个属性可以包含不同的数据类型，如字符串、矩阵等。结构型变量用函数 struct 来创建，其调用格式见表 5-4。

结构型变量数据通过属性名来引用。

表 5-4   struct 调用格式

调 用 格 式	说　　　明
s = struct('field1', { }, 'field2', { }, …)	表示建立一个空的结构数组，不含数据
s = struct('field1', values1, 'field2', values2, …)	表示建立一个具有属性名和数据的结构数组

【例 5-9】 创建一个结构型变量。

解： MATLAB 程序如下。

```
>> student = struct('name', {'Wang', 'Li'}, 'Age', {20,23})
student =
    包含以下字段的 1×2struct 数组：
     name
     Age
>> student(1)              % 结构型变量数据通过属性名来引用
ans =
    包含以下字段的 1×2struct 数组：
     name：'Wang'
   Age：20
>> student(2)
ans =
    包含以下字段的 1×2struct 数组：
     name：'Li'
      Age：23
>> student(2).name
    包含以下字段的 1×2struct 数组：
ans =
    'Li'
```

2. 结构型变量的相关函数

MATLAB 中有关结构型变量的函数见表 5-5。

表 5-5   MATLAB 结构型变量的函数

函　数　名	说　　　明
struct	创建结构型变量
fieldnames	得到结构型变量的属性名
getfield	得到结构型变量的属性值
setfield	设定结构型变量的属性值

函 数 名	说　　明
rmfield	删除结构型变量的属性
isfield	判断是否为结构型变量的属性
isstruct	判断是否为结构型变量

5.1.4　多项式运算

多项式运算是数学中最基本的运算之一。在高等代数中，多项式一般可表示为以下形式：$f(x)=a_0x^n+a_1x^{n-1}+\cdots+a_{n-1}x+a_n$。对于这种表示形式，很容易用它的系数向量来表示，即 $p=[a_0,a_1,\cdots,a_{n-1},a_n]$。在 MATLAB 中正是用这样的系数向量来表示多项式的。

1. 多项式的构造

由以上分析可知，多项式可以直接用向量表示，因此，构造多项式最简单的方法就是直接输入向量。这种方法通过函数 poly2sym 来实现。其调用格式如下。

```
poly2sym(p)
```

其中，p 为多项式的系数向量。

【例 5-10】 直接用向量构造多项式的示例。

解：MATLAB 程序如下。

```
>> p=[1 -2 5 6];
>> poly2sym(p)
ans =
x^3-2*x^2+5*x+6
```

另外，也可以由多项式的根生成多项式。这种方法使用 poly 函数生成系数向量，再调用 poly2sym 函数生成多项式。

【例 5-11】 由根构造多项式的示例。

解：MATLAB 程序如下。

```
>> root=[-5 3+2i 3-2i];
>> p=poly(root)
p =
    1    -1    -17    65
>> poly2sym(p)
ans =
x^3-x^5-17*x+65
```

2. 多项式运算

（1）多项式四则运算

多项式的四则运算是指多项式的加、减、乘、除运算。需要注意的是，相加、减的两个向量必须大小相等。阶次不同时，低阶多项式必须用零填补，使其与高阶多项式有相同的阶次。多项式的加、减运算直接用"+""−"来实现；多项式的乘法用函数 conv(p1,p2) 来实现，相当于执行两个数组的卷积；多项式的除法用函数 deconv(p1,p2) 来实现，相当于执行两个数组的解卷。

【例 5-12】 多项式的四则运算示例。

解：在 MATLAB 命令行窗口中输入以下命令。

```
>> p1=[2 3 4 0 -2];
>> p2=[0 0 8 -5 6];
>> p=p1+p2;
>> poly2sym(p)
ans =
2*x^4+3*x^3+12*x^5-5*x+4
>> q=conv(p1,p2)
q =
     0     0    16    14    29    -2     8    10   -12
>> poly2sym(q)
ans =
16*x^6+14*x^5+29*x^4-2*x^3+8*x^2+10*x-12
```

（2）多项式导数运算

多项式导数运算用函数 polyder 来实现，其调用格式如下。

```
polyder(p)
```

其中，p 为多项式的系数向量。

【例 5-13】 多项式导数运算示例。

解：在 MATLAB 命令行窗口中输入以下命令。

```
>> q=polyder(p)            % p 与例 5-12 相同
q =
     8     9    24    -5
>> poly2sym(q)
ans =
8*x^3+9*x^2+24*x-5
```

（3）估值运算

多项式估值运算用函数 polyval 和 polyvalm 来实现，调用格式见表 5-6。

表 5-6　多项式估值函数

调 用 格 式	说　　　明
polyval(p,s)	p 为多项式，s 为矩阵，按数组运算规则来求多项式的值
polyvalm(p,s)	p 为多项式，s 为方阵，按矩阵运算规则来求多项式的值

【例 5-14】 求多项式 $f(x)=2x^5+5x^4+4x^2+x+4$ 在 $x=2$、5 处的值。

解：MATLAB 程序如下。

```
>> p1=[2 5 0 4 1 4];
>> h=polyval(p1,[2 5])
h =
       166        9484
```

（4）求根运算

求根运算用函数 roots。

【例 5-15】 多项式求根运算示例。

解：MATLAB 程序如下。

```
>> p1=[2 5 0 4 1 4];
>> r=roots(p1)
r =
  -2.7709 + 0.0000i
   0.5611 + 0.7840i
   0.5611 - 0.7840i
  -0.4257 + 0.7716i
  -0.4257 - 0.7716i
```

3. 多项式拟和

多项式拟和用 polyfit 来实现，其调用格式见表 5-7。

表 5-7　polyfit 调用格式

调用格式	说　　明
polyfit(x,y,n)	表示用二乘法对已知数据 x、y 进行拟和，以求得 n 阶多项式系数向量
[p,s]=polyfit(x,y,n)	p 为拟和多项式系数向量，s 为拟和多项式系数向量的信息结构

【例 5-16】 用 5 阶多项式对（0, $\pi/2$）上的正弦函数进行最小二乘拟和。

解：MATLAB 程序如下。

```
>> x=0:pi/20:pi/2;
>> y=sin(x);
>> a=polyfit(x,y,5);
>> y1=polyval(a,x);
>> plot(x,y,'go',x,y1,'b--')
```

结果如图 5-2 所示。

由图 5-2 可知，由多项式拟和生成的图形与原始曲线可很好地吻合，这说明多项式的拟和效果很好。

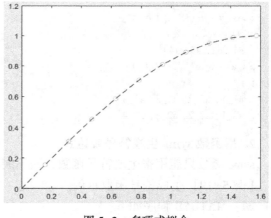

图 5-2　多项式拟合

5.2　符号运算

符号运算是 MATLAB 数值计算的扩展，在运算过程中以符号表达式或符号矩阵为运算对象，对象是一个字符，数字也被当作字符来处理；符号运算允许用户获得任意精度的解，在计算过程中解是精确的，只有在最后转化为数值解时才会出现截断误差，能够保证计算精度；同时，符号运算可以把表达式转化为数值形式，也能把数值形式转化为符号表达式，实现了符号计算和数值计算的相互结合，使应用更灵活。MATLAB 的符号运算是通过集成在MATLAB 中的符号数学工具箱（Symbolic Math Toolbox）来实现的。

5.2.1 符号表达式的生成

在 MATLAB 符号数学工具箱中，符号表达式是代表数字、函数和变量的 MATLAB 字符串或字符串数组，它不要求变量有预先确定的值，不再使用单引号括起来的表达方式。MATLAB 在内部把符号表达式表示成字符串，以与数字相区别。符号表达式的创建可使用以下两种方法。

1. 用函数 sym 生成符号表达式

在 MATLAB 可以自己确定变量类型的情况下，可以不用 sym 函数来显式地生成符号表达式。在某些情况下，特别是建立符号数组时，必须要用 sym 函数来将字符串转换成符号表达式。

【例 5-17】 生成符号函数示例。

解： MATLAB 程序如下。

```
>>h = @ (x)sin(x);
>> f=sym(h)
f =
    sin(x)
```

【例 5-18】 生成符号数组示例。

解： MATLAB 程序如下。

```
>> a = sym('a', [1 4])
a =
[ a1, a2, a3, a4]
>> a = sym('a', [2 4])
f =
[ a1_1, a1_2, a1_3, a1_4]
[ a2_1, a2_2, a2_3, a2_4]
```

2. 用函数 syms 生成符号表达式

syms 函数只能用来生成符号函数，而不能用来生成符号方程。

【例 5-19】 生成符号函数示例。

解： MATLAB 程序如下。

```
>> syms x y
>>f=sin(x)+cos(y)
f =
cos(y) + sin(x)
```

5.2.2 符号表达式的运算

在 MATLAB 工具箱中，符号表达式运算主要是通过符号函数进行的。所有的符号函数作用到符号表达式和符号数组，返回的仍是符号表达式或符号数组（即字符串）。可以运用 MATLAB 中的函数 isstr 来判断返回表达式是字符串还是数字，如果是字符串，isstr 返回 1，否则返回 0。符号表达式的运算主要包括以下 3 种。

1. 提取分子、分母

如果符号表达式是有理分数的形式，则可通过函数 numden 来提取符号表达式中的分子和分母。numden 可将符号表达式合并、有理化，并返回所得的分子和分母。numden 的调用格式见表 5-8。

表 5-8　numden 调用格式

调 用 格 式	说　　明
[n,d]=numden(a)	提取符号表达式 a 的分子和分母，并将其存放在 n 和 d 中
n=numden(a)	提取符号表达式 a 的分子和分母，但只把分子存放在 n 中

【例 5-20】 提取符号表达式分子和分母示例。

解： MATLAB 程序如下。

```
>>syms a x b
>> f=a*x^2+b*x/(a-x);
>> [n,d]=numden(f)
n =
x*(a^2*x-a*x^2+b)
d =
a-x
```

2. 符号表达式的基本代数运算

符号表达式的加、减、乘、除、幂运算与一般的数值运算一样，分别用 "+" "−" "*" "/" "^" 来进行运算。

【例 5-21】 符号表达式的基本代数运算示例。

解： MATLAB 程序如下。

```
>> f=sym('x');
>>syms x;g=x^2;
>> f+g
ans =
x^2 + x
>> f*g
ans =
x^3
>>f^g
ans =
x^(x^2)
```

3. 符号表达式的高级运算

符号表达式的高级运算主要是指符号表达式的复合函数运算、反函数运算、求表达式的符号和。

（1）复合函数运算

在 MATLAB 中符号表达式的复合函数运算主要是通过函数 compose 来实现的。compose 函数的调用格式见表 5-9。

表 5-9　compose 函数的调用格式

调 用 格 式	说　明
compose(f,g)	返回复合函数 f(g(y))。在这里 f=f(x)，g=g(y)，其中 x 是 findsym 定义的 f 函数的符号变量，y 是 findsym 定义的 g 函数的符号变量
compose(f,g,z)	返回自变量为 z 的复合函数 f(g(z))。在这里 f=f(x)，g=g(y)，其中 x、y 分别是 findsym 定义的 f 函数和 g 函数的符号变量
compose(f,g,x,z)	返回复合函数 f(g(z))，并使 x 成为 f 函数的独立变量，即如果 f=cos(x/t)，则 compose(f,g,x,z) 返回 cos(g(z)/t)
compose(f,g,x,y,z)	返回复合函数 f(g(z))，并使 x 与 y 分别成为 f 与 g 函数的独立变量，即如果 f=cos(x/t)，g=sin(y/u)，则 compose(f,g,x,y,z) 返回 cos(sin(z/u)/t)，而 compose(f,g,x,z) 返回 cos(sin(y/z)/t)

【例 5-22】 复合函数的运算示例。

解：MATLAB 程序如下。

```
>> syms x y z t u;
>> f=1/1+x^2;
>> g=sin(y);
>> h=x^t;
>> p=exp(-y/u);
>> compose(f,g)
ans =
sin(y)^2+1
>> compose(f,g,t)
ans =
sin(t)^2+1
>> compose(h,g,x,z)
ans =
sin(z)^t
>> compose(h,g,t,z)
ans =
x^sin(z)
>> compose(h,p,x,y,z)
ans =
exp(-z/u)^t
>> compose(h,p,t,u,z)
ans =
x^exp(-y/z)
```

（2）反函数运算

在 MATLAB 中符号表达式的反函数运算主要是通过函数 finverse 来实现的。finverse 函数的调用格式见表 5-10。

表 5-10　finverse 函数的调用格式

调 用 格 式	说　明
g=finverse(f)	返回符号函数 f 的反函数，其中 f 是一个符号函数表达式，其变量为 x。求得反函数是一个满足 g(f(x))=x 的符号函数
g=finverse(f,v)	返回自变量为 v 的符号函数 f 的反函数，求反函数 g 是一个满足 g(f(v))=v 的符号函数。当 f 包含不止一个变量时，往往用这种反函数的调用格式

【例 5-23】 反函数运算示例。

解：MATLAB 程序如下。

```
>> syms x y;
>> f=x^2+y;
>>finverse(f,y)
ans =
-x^2+y
>>finverse(f)
ans =
(x - y)^(1/2)
```

（3）求表达式的符号和

在 MATLAB 中，求表达式的符号和主要是通过函数 symsum 来实现的。symsum 函数的调用格式见表 5-11。

表 5-11　symsum 函数的调用格式

调 用 格 式	说　明	调 用 格 式	说　明
symsum(s)	返回 $\sum\limits_{0}^{x-1} s(x)$ 的结果	symsum(s,a,b)	返回 $\sum\limits_{a}^{b} s(x)$ 的结果
symsum(s,v)	返回 $\sum\limits_{0}^{x-1} s(v)$ 的结果	symsum(s,v,a,b)	返回 $\sum\limits_{a}^{b} s(v)$ 的结果

【例 5-24】 求表达式符号和的示例。

解： MATLAB 程序如下。

```
>> x=sym('x');
>>symsum(x)
ans =
x^2/2 - x/2
```

5.2.3　符号与数值间的转换

1. 将符号表达式转换成数值表达式

将符号表达式转换成数值表达式主要是通过函数 numeric 或 eval 来实现的。

【例 5-25】 用 eval 函数来生成四阶的希尔伯特（Hilbert）矩阵。

解： MATLAB 程序如下。

```
>> n=4;
>> t='1/(i+j-1)';
>> a=zeros(n);
for i=1:n
    for j=1:n
        a(i,j)=eval(t);        % 将 eval 换成 numeric 结果相同
    end
end
>> a
a=
1.0000    0.5000    0.3333    0.2500
0.5000    0.3333    0.2500    0.2000
0.3333    0.2500    0.2000    0.1667
0.2500    0.2000    0.1667    0.1429
```

2. 将数值表达式转换成符号表达式

将数值表达式转换成符号表达式主要是通过函数 sym 来实现的。

【例 5-26】将数值表达式转换成符号表达式示例。

解：MATLAB 程序如下。

```
>> p=1.74;
>> q=sym(p)
q =
    87/50
```

另外，函数 poly2sym 实现将 MATLAB 等价系数向量转换成它的符号表达式。

【例 5-27】poly2sym 函数使用示例。

解：在 MATLAB 命令行窗口中输入以下命令。

```
>> a=[1 3 4 5];
>> p=poly2sym(a)
p =
x^3+3*x^2+4*x+5
```

5.3 符号矩阵

符号矩阵中的元素是任何不带等号的符号表达式，各符号表达式的长度可以不同。符号矩阵中以空格或逗号分隔的元素指定的是不同列的元素，而以分号分隔的元素指定的是不同行的元素。

5.3.1 创建符号矩阵

创建符号矩阵有以下 3 种方法。

1. 直接输入

直接输入符号矩阵时，符号矩阵的每一行都要用方括号括起来，而且要保证同一列的各行元素字符串的长度相同，因此在较短的字符串中要插入空格来补齐长度，否则程序将会报错。

2. 用 sym 函数创建符号矩阵

用这种方法创建符号矩阵，矩阵元素可以是任何不带等号的符号表达式，各矩阵元素之间用逗号或空格分隔，各行之间用分号分隔，各元素字符串的长度可以不相等。常用的调用格式如表 5-12 所示。

表 5-12 sym 命令调用格式

调 用 格 式	说　　明
sym('x')	创建变量符号 x
sym('a', [n1 … nM]	创建一个 n1-by -…-by-nM 符号数组，充满自动生成的元素
sym('A' n)	创建一个 n×n 符号矩阵，充满自动生成的元素
sym('a', n)	创建一个由 n 个自动生成的元素组成的符号数组
sym(…, set)	通过 set 设置符号表达式的格式

【例 5-28】 创建符号矩阵

解： MATLAB 程序如下。

```
>> x = sym('x');              %创建变量 x、y
>> y = sym('y');
>> a=[x+y,x;y,y+5]            %创建符号矩阵
a =
[ x + y,     x]
[     y, y + 5]
>> a = sym('a', [1 4])        %用自动生成的元素创建符号向量
a =
[ a1, a2, a3, a4]
>> a =sym('x_%d', [1 4])      %用自动生成的元素创建符号向量,生成的元素的名称使用格
                              式字符串作为第一个参数
a =
[ x_1, x_2, x_3, x_4]
>> a(1)                       %使用标准访问元素的索引方法
>> a(2:3)
ans =
x_1
ans =
[ x_2, x_3]
```

创建符号表达式，首先创建符号变量，然后使用变量进行操作。在表 5-13 中列出了符号表达式的常见格式与易错写法。

表 5-13　符号表达式的常见格式与易错写法

正 确 格 式	错 误 格 式
syms x; x + 1	sym('x + 1')
exp(sym(pi))	sym('exp(pi)')
syms f(var1,···,varN)	f(var1,···,varN) = sym('f(var1,···,varN)')

【例 5-29】 计算不同精度的 π 值。

解： MATLAB 程序如下。

```
>> pi
ans =
    3.1416
>>vpa(pi)
ans =
3.1415926535897932384626433832795
>> digits(10)
>>vpa(pi)
ans =
3.141592654
>> r = sym(pi)
>> f = sym(pi,'f')
```

```
>> d = sym(pi,'d')
>> e = sym(pi,'e')
r =
pi
  f =
884279719003555/281474976710656
  d =
3.1415926535897931159979634685442
  e =
pi − (198 * eps)/359
```

【例 5-30】 根据不同的函数表达式创建符号矩阵。

解： MATLAB 程序如下。

```
>> sm=['[1/(a+b),x^3  ,cos(x)]';'[log(y),abs(x),c    ]']
sm =
2×23 char 数组
    '[1/(a+b),x^3  ,cos(x)]'
    '[log(y),abs(x),c    ]'
>> a=['[  sin(x),        cos(x)]';'[exp(x^2),log(tanh(y))]']
a =
2×23 char 数组
'[  sin(x),        cos(x)]'
    '[exp(x^2),log(tanh(y))]'
>> A=[sin(pi/3),cos(pi/4);log(3),tanh(6)]
A =
0.8660    0.7071
1.0986    1.0000
>> B=sym(A)
B =
[                          3^(1/2)/2,                2^(1/2)/2]
[ 2473854946935173/2251799813685248, 2251772142782799/2251799813685248]
```

3. 数值矩阵转化为符号矩阵

在 MATLAB 中，数值矩阵不能直接参与符号运算，必须先转化为符号矩阵。

【例 5-31】 为自定义的符号矩阵赋值。

解： MATLAB 程序如下。

```
>>syms x
>> f=x+sin(x)
f =
  x + sin(x)
>> subs(f,x,6)
ans =
sin(6) + 6
```

5.3.2 符号矩阵的其他运算

符号矩阵可以进行转置、求逆等运算，但符号矩阵的函数与数值矩阵的函数不同。
符号矩阵的函数命令见表 5-14。

表 5-14　符号矩阵的函数命令

函　　　数	说　　　明
" ' " 或函数 transpose	符号矩阵的转置运算
determ 或 det	符号矩阵的行列式运算
inv	符号矩阵的逆运算
rank	符号矩阵的求秩运算
eig、eigensys	符号矩阵的特征值、特征向量运算
svd、singavals	符号矩阵的奇异值运算
jordan	符号矩阵的若尔当（Jordan）标准形运算

【例 5-32】求解符号矩阵的运算示例。

解： MATLAB 程序如下。

```
>> A = sym('A',[4 4])
A =
[ A1_1, A1_2, A1_3, A1_4]
[ A2_1, A2_2, A2_3, A2_4]
[ A3_1, A3_2, A3_3, A3_4]
[ A4_1, A4_2, A4_3, A4_4]
>> A.'                    %求矩阵的转置
ans =
[ A1_1, A2_1, A3_1, A4_1]
[ A1_2, A2_2, A3_2, A4_2]
[ A1_3, A2_3, A3_3, A4_3]
[ A1_4, A2_4, A3_4, A4_4]
>> transpose(A)
ans =
[ A1_1, A2_1, A3_1, A4_1]
[ A1_2, A2_2, A3_2, A4_2]
[ A1_3, A2_3, A3_3, A4_3]
[ A1_4, A2_4, A3_4, A4_4]
>> det(A)                 % 符号矩阵的行列式
ans =
A1_1 * A2_2 * A3_3 * A4_4 – A1_1 * A2_2 * A3_4 * A4_3 – A1_1 * A2_3 * A3_2 * A4_4 + A1_1 * A2_3
 * A3_4 * A4_2 + A1_1 * A2_4 * A3_2 * A4_3 – A1_1 * A2_4 * A3_3 * A4_2 – A1_2 * A2_1 * A3_3 * A4
_4 + A1_2 * A2_1 * A3_4 * A4_3 + A1_2 * A2_3 * A3_1 * A4_4 – A1_2 * A2_3 * A3_4 * A4_1 – A1_2 *
A2_4 * A3_1 * A4_3 + A1_2 * A2_4 * A3_3 * A4_1 + A1_3 * A2_1 * A3_2 * A4_4 – A1_3 * A2_1 * A3_4
 * A4_2 – A1_3 * A2_2 * A3_1 * A4_4 + A1_3 * A2_2 * A3_4 * A4_1 + A1_3 * A2_4 * A3_1 * A4_2 – A1
_3 * A2_4 * A3_2 * A4_1 – A1_4 * A2_1 * A3_2 * A4_3 + A1_4 * A2_1 * A3_3 * A4_2 + A1_4 * A2_2 *
A3_1 * A4_3 – A1_4 * A2_2 * A3_3 * A4_1 – A1_4 * A2_3 * A3_1 * A4_2 + A1_4 * A2_3 * A3_2 * A4_1
>> inv(A)                 % 符号矩阵的逆运算

[   (A2_2 * A3_3 * A4_4 – A2_2 * A3_4 * A4_3 – A2_3 * A3_2 * A4_4 + A2_3 * A3_4 * A4_2 + A2_4 *
A3_2 * A4_3 – A2_4 * A3_3 * A4_2)/(A1_1 * A2_2 * A3_3 * A4_4 – A1_1 * A2_2 * A3_4 * A4_3 – A1_
1 * A2_3 * A3_2 * A4_4 + A1_1 * A2_3 * A3_4 * A4_2 + A1_1 * A2_4 * A3_2 * A4_3  –
……
>> rank(A)               % 符号矩阵的求秩运算
ans =
  4
```

5.3.3 符号多项式的简化

符号工具箱中还提供了关于符号矩阵因式分解、展开、合并、简化及通分等符号操作函数。

1. 因式分解

符号矩阵因式分解通过函数 factor 来实现，其调用格式如下。

```
factor(S)
```

输入变量 S 为一符号矩阵，此函数将因式分解此矩阵的各个元素。

【例 5-33】 将函数 $f=(x+1)^3+x^5-1$ 因式分解。

解：MATLAB 程序如下。

```
>>syms x
>>f=factor((x+1)^3+x^5-1)
f =
[ x, x^4+x^2+3*x+3]
```

【例 5-34】 将式子 x^9-1+x^8 因式分解。

解：MATLAB 程序如下。

```
>>syms x
>> factor(x^9-1+x^8)
ans =
x^9 + x^8 - 1
```

如果 S 包含的所有元素为整数，则计算最佳因式分解式。为了分解大于 2^{25} 的整数，可使用 factor(sym('N'))。

```
>> factor(sym('12345678901234567890'))
ans =
(2)*(3)^2*(5)*(101)*(3803)*(3607)*(27961)*(3541)
```

2. 符号矩阵的展开

符号多项式的展开可以通过函数 expand 来实现，其调用格式如下。

```
expand(S)
```

对符号矩阵的各元素的符号表达式进行展开。此函数经常用在多项式的表达式中，也常用在三角函数、指数函数、对数函数的展开中。

【例 5-35】 幂函数多项式 $y=(x+3)^4+\cos^3(x+1)$ 的展开。

解：MATLAB 程序如下。

```
>>syms x
>> expand((x+3)^4+cos(x+1)^3)
ans =
108*x + cos(1)^3*cos(x)^3 - sin(1)^3*sin(x)^3 + 54*x^2 + 12*x^3 + x^4 + 3*cos(1)*sin(1)^2
*cos(x)*sin(x)^2 - 3*cos(1)^2*sin(1)*cos(x)^2*sin(x) + 81
```

3. 符号简化

符号简化可以通过函数 simple 和 simplify 来实现，其调用格式如表 5-15 所示。

表 5-15　符号简化的调用格式

调用格式	说　　明
simple(S)	对表达式 S 尝试多种不同算法进行简化，以显示 S 表达式的长度最短的简化形式。若 S 为一矩阵，则结果是全矩阵的最短型，而非每个元素的最短型
[r how] = simple(S)	返回的 r 为简化型，how 为简化过程中使用的方法
simplify	简化符号矩阵的每一个元素

【例 5-36】 幂函数多项式 $y = \sin^2(x) + \cos^2(x)$ 的符号简化。

解： MATLAB 程序如下。

```
>> simplify( sin( x)^2+cos( x)^2)
ans =
1
```

5.4　综合实例——电路问题

矩阵分析在工程计算、纯数学、优化、计算数学等各个领域都有着重要的应用。读者应当仔细琢磨，并上机实现每一个例子，从中体会 MATLAB 在实际应用中的强大功能。

图 5-3 为某个电路的网格图，其中 $R_1 = 1$，$R_2 = 2$，$R_3 = 4$，$R_4 = 3$，$R_5 = 1$，$R_6 = 5$，$E_1 = 41$，$E_2 = 38$，利用基尔霍夫定律求解电路中的电流 I_1，I_2，I_3。

解： 基尔霍夫定律说明电路中，任意单向闭路的电压和为零，由此对图 5-3 所示电路分析可得如下的线性方程组：

$$\begin{cases} (R_1 + R_3 + R_4)I_1 + R_3 I_2 + R_4 I_3 = E_1 \\ R_3 I_1 + (R_2 + R_3 + R_5)I_2 - R_5 I_3 = E_2 \\ R_4 I_1 - R_5 I_2 + (R_4 + R_5 + R_6)I_3 = 0 \end{cases}$$

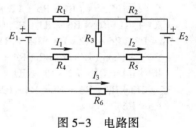

图 5-3　电路图

将电阻及电压相应的取值代入，可得该线性方程组的系数矩阵及右端项分别为

$$A = \begin{pmatrix} 8 & 4 & 3 \\ 4 & 7 & -1 \\ 3 & -1 & 9 \end{pmatrix}, \qquad b = \begin{pmatrix} 41 \\ 38 \\ 0 \end{pmatrix}$$

系数矩阵 A 是一个对称正定矩阵（读者可以通过 eig 命令来验证），因此可以利用楚列斯基（Cholesky）分解求这个线性方程组的解，具体操作如下。

```
>> A=[ 8 4 3;4 7 -1;3 -1 9];
>> b=[ 41 38 0]';
>> I=solvelineq( A,b,'CHOL') %调用求解线性方程组的函数 solvelineq,将该函数文件保存在工作路径下
I =
    4.0000
    3.0000
   -1.0000
```

其中的 I_3 是负值，这说明电流的方向与图中箭头方向相反。

对于这个例子，还可以利用 MATLAB 将 I_1, I_2, I_3 的具体表达式写出来，具体的操作步骤如下。

```
>>syms R1 R2 R3 R4 R5 R6 E1 E2
>> A=[R1+R3+R4 R3 R4;R3 R2+R3+R5 -R5;R4 -R5 R4+R5+R6];
>> b=[E1 E2 0]';
>> I=inv(A)*b
I =
    (conj(E1)*(R2*R4 + R2*R5 + R3*R4 + R2*R6 + R3*R5 + R3*R6 + R4*R5 + R5*
R6))/(R1*R2*R4 + R1*R2*R5 + R1*R3*R4 + R1*R2*R6 + R1*R3*R5 + R2*R3*R4 +
R1*R3*R6 + R1*R4*R5 + R2*R3*R5 + R2*R3*R6 + R2*R4*R5 + R1*R5*R6 + R2*R4
*R6 + R3*R4*R6 + R3*R5*R6 + R4*R5*R6) - (conj(E2)*(R3*R4 + R3*R5 + R3*R6 +
R4*R5))/(R1*R2*R4 + R1*R2*R5 + R1*R3*R4 + R1*R2*R6 + R1*R3*R5 + R2*R3*
R4 + R1*R3*R6 + R1*R4*R5 + R2*R3*R5 + R2*R3*R6 + R2*R4*R5 + R1*R5*R6 + R2
*R4*R6 + R3*R4*R6 + R3*R5*R6 + R4*R5*R6)
    (conj(E2)*(R1*R4 + R1*R5 + R1*R6 + R3*R4 + R3*R5 + R3*R6 + R4*R5 + R4*
R6))/(R1*R2*R4 + R1*R2*R5 + R1*R3*R4 + R1*R2*R6 + R1*R3*R5 + R2*R3*R4 +
R1*R3*R6 + R1*R4*R5 + R2*R3*R5 + R2*R3*R6 + R2*R4*R5 + R1*R5*R6 + R2*R4
*R6 + R3*R4*R6 + R3*R5*R6 + R4*R5*R6) - (conj(E1)*(R3*R4 + R3*R5 + R3*R6 +
R4*R5))/(R1*R2*R4 + R1*R2*R5 + R1*R3*R4 + R1*R2*R6 + R1*R3*R5 + R2*R3*
R4 + R1*R3*R6 + R1*R4*R5 + R2*R3*R5 + R2*R3*R6 + R2*R4*R5 + R1*R5*R6 + R2
*R4*R6 + R3*R4*R6 + R3*R5*R6 + R4*R5*R6)
    (conj(E2)*(R1*R5 + R3*R4 + R3*R5 + R4*R5))/(R1*R2*R4 + R1*R2*R5 + R1*R3
*R4 + R1*R2*R6 + R1*R3*R5 + R2*R3*R4 + R1*R3*R6 + R1*R4*R5 + R2*R3*R5 +
R2*R3*R6 + R2*R4*R5 + R1*R5*R6 + R2*R4*R6 + R3*R4*R6 + R3*R5*R6 + R4*R5
*R6) - (conj(E1)*(R2*R4 + R3*R4 + R3*R5 + R4*R5))/(R1*R2*R4 + R1*R2*R5 + R1
*R3*R4 + R1*R2*R6 + R1*R3*R5 + R2*R3*R4 + R1*R3*R6 + R1*R4*R5 + R2*R3*
R5 + R2*R3*R6 + R2*R4*R5 + R1*R5*R6 + R2*R4*R6 + R3*R4*R6 + R3*R5*R6 + R4
*R5*R6)
```

5.5 课后习题

1. 在 MATLAB 中创建多项式有几种方法？如何创建？

2. 通过向量 a=[3 3 -3;3 5 -2;-3 -2 5]创建多项式。

3. 计算上题创建的多项式在自变量为 5，9，20 处的值。

4. 求多项式 $f(x) = x^4 + x^2 - x + 4$ 在 $x = 1$、5 处的值。

5. 对下面的多项式进行展开。

（1）$y + x^4 - 3x^2 + 1$。

（2）$y - \dfrac{x}{y} - \dfrac{y}{x} + x^2$。

6. 求多项式 $y^2 + y - x^3 - 2x^2 + \sin x - \sin y$ 的分子、分母，以及展开与因式分解。

7. 求解 $f = x^3 + 2x - 1$ 因式分解。

8. 求幂函数多项式 $y = (x+3)^4$ 的展开。

第6章　矩阵分析与应用

MATLAB 中矩阵分析主要包括矩阵的相似标准形、矩阵分解、线性变换、矩阵函数等内容，矩阵在数学上的基本的应用就是解线性方程组。本章详细介绍关于矩阵及其应用运算。

6.1　矩阵的相似标准形

矩阵的相似标准形在工程计算，尤其是在控制理论中有着重要的作用，因此求一个矩阵的标准形就显得尤为重要了，本节提供了若尔当（Jordan）标准形与厄米形式的变换命令。

6.1.1　若尔当标准形

称 n_i 阶矩阵

$$J_i = \begin{pmatrix} \lambda_i & 1 & & \\ & \lambda_i & \ddots & \\ & & \ddots & 1 \\ & & & \lambda_i \end{pmatrix}$$

为若尔当块。设 $J_1, J_2, \cdots, J_s$ 为若尔当块，称准对角矩阵

$$J = \begin{pmatrix} J_1 & & & \\ & J_2 & & \\ & & \ddots & \\ & & & J_s \end{pmatrix}$$

为若尔当标准形。所谓求矩阵 A 的若尔当标准形，即找非奇异矩阵 P（不唯一），使得

$P^{-1}AP = J$。例如对于矩阵 $A = \begin{pmatrix} 17 & 0 & -25 \\ 0 & 1 & 0 \\ 9 & 0 & -13 \end{pmatrix}$，可以找到矩阵 $P = \begin{pmatrix} 0 & 5 & 2 \\ 1 & 0 & 0 \\ 0 & 3 & 1 \end{pmatrix}$，使得

$$P^{-1}AP = \begin{pmatrix} 1 & 0 & 0 \\ 0 & 2 & 1 \\ 0 & 0 & 2 \end{pmatrix}$$

若尔当标准形之所以在实际中有着重要的应用，是因为它具有下面几个特点。
- 其对角元即为矩阵 A 的特征值。
- 对于给定特征值 λ_i，其对应若尔当块的个数等于 λ_i 的几何重复度。
- 对于给定特征值 λ_i，其所对应全体若尔当块的阶数之和等于 λ_i 的代数重复度。

在 MATLAB 中可利用 jordan 命令将一个矩阵化为若尔当标准形，它的调用格式见表6-1。

表 6-1   jordan 命令的调用格式

调 用 格 式	说　　明
J = jordan(A)	求矩阵 A 的若尔当标准形，其中 A 为一已知的符号或数值矩阵
[P,J] = jordan(A)	返回若尔当标准形矩阵 J 与相似变换矩阵 P，其中 P 的列向量为矩阵 A 的广义特征向量。它们满足：P\A∗P = J

【例 6-1】 求矩阵 $A = \begin{pmatrix} 17 & 0 & -25 \\ 0 & 1 & 0 \\ 9 & 0 & -13 \end{pmatrix}$ 的若尔当标准形及变换矩阵 P。

解：MATLAB 程序如下。

```
>> A = [17 0 -25;0 1 0;9 0 -13];
>> [P,J] = jordan(A)
P =
     0    15     1
     1     0     0
     0     9     0
J =
     1     0     0
     0     2     1
     0     0     2
>> inv(P) ∗ A ∗ P          %验证变换矩阵 P
ans =
    1.0000         0         0
         0    2.0000    1.0000
         0    0.0000    2.0000
```

【例 6-2】 将 λ-矩阵 $A(\lambda) = \begin{pmatrix} 1-\lambda & \lambda^2 & \lambda \\ \lambda & \lambda & -\lambda \\ 1+\lambda^2 & \lambda^2 & -\lambda^2 \end{pmatrix}$ 化为若尔当标准形。

解：MATLAB 程序如下。

```
>> syms lambda
>> A = [1-lambda lambda^2 lambda;lambda lambda -lambda;1+lambda^2 lambda^2 -lambda^2];
>> [P,J] = jordan(A);
>> J
J =
[ 1,      0,                  0]
[ 0, lambda,                  0]
[ 0,      0, - lambda^2 - lambda]
```

6.1.2   厄米法线形

厄米特矩阵（Hermitian Conjugate Matrix），又名为"埃尔米特矩阵"或"厄米矩阵"，指的是自共轭矩阵。矩阵中每一个第 i 行第 j 列的元素都与第 j 行第 i 列的元素的共轭相等。

对于具有整数系数的任意平方 n 矩阵 A，存在一个 $n-n$ 矩阵 H 和一个 $n-n$ 幺模矩阵 U，这样 一个 $∗U = h$，其中 h 是厄米正常形式 A。幺模矩阵是一个实数方阵，它的行列式等于 1

或-1。如果 a 是多项式的矩阵，那么 U 的行列式就是常数。

hermiteForm 返回一个非奇异整数方阵 a 的厄米法线形式作为上三角形矩阵 H，这样$H_{jj} \geq 0$ 和$-\dfrac{H_{jj}}{2} < H_{ij} \leq \dfrac{H_{jj}}{2}$，$j > i$。如果 A 不是正方形矩阵或奇异矩阵，则矩阵 H 只是一个上三角形矩阵。

在 MATLAB 中可利用 hermiteForm 命令将一个矩阵化为厄米法线形，它的调用格式见表 6-2。

表 6-2　hermiteForm 命令的调用格式

调　用　格　式	说　　　明
H = hermiteForm(A)	求矩阵 A 的厄米法线形式，其中 A 为一已知的符号或数值矩阵。厄米形式 H 是一个上部三角形矩阵
[U,H] = hermiteForm(A)	返回厄米法线形式 A 和一个幺模变换矩阵 U，这样 H = U * A
hermiteForm(A,var)	假设 A 的元素是指定变量 var 中的单变量 A 项式。如果 A 包含其他变量，hermiteForm 将这些变量视为符号参数

【例 6-3】将魔方矩阵转换为厄米形式。

解：MATLAB 程序如下。

```
>> clear
>>A = sym(magic(5))
A =
[17, 24,  1,  8, 15]
[23,  5,  7, 14, 16]
[ 4,  6, 13, 20, 22]
[10, 12, 19, 21,  3]
[11, 18, 25,  2,  9]
>>H = hermiteForm(A)
H =
[1, 0, -1,  28, -4773]
[0, 1,  2, -17, -1416]
[0, 0,  5,  10, -3590]
[0, 0,  0,  65, -5915]
[0, 0,  0,   0, 15600]
```

【例 6-4】创建一个 2×2 矩阵，其中的元素在变量 x 中是多项式的。

解：MATLAB 程序如下。

```
>>syms x
>>A = [x^2 + 3, (2 * x - 1)^2; (x + 2)^2, 3 * x^2 + 5]
A =
[  x^2 + 3, (2 * x - 1)^2]
[ (x + 2)^2,  3 * x^2 + 5]
>>H = hermiteForm(A) % 转换矩阵的厄米形式。
H =
[ 1, (4 * x^3)/49 + (47 * x^2)/49 - (76 * x)/49 + 20/49]
[ 0,          x^4 + 12 * x^3 - 13 * x^2 - 12 * x - 11]
```

6.2 矩阵分解

矩阵分解是矩阵分析的一个重要工具，例如求矩阵的特征值和特征向量、求矩阵的逆以及矩阵的秩等都要用到矩阵分解。在工程实际中，尤其是在电子信息理论和控制理论中，矩阵分析尤为重要。本节主要讲述如何利用 MATLAB 来实现矩阵分析中常用的一些矩阵分解。

6.2.1 楚列斯基（Cholesky）分解

楚列斯基分解专门针对对称正定矩阵的分解。设 $A = (a_{ij}) \in R^{n \times n}$ 是对称正定矩阵，$A = R^T R$ 称为矩阵 A 的楚列斯基分解，其中 $R \in R^{n \times n}$ 是一个具有正的对角元上三角矩阵，即

$$R = \begin{pmatrix} r_{11} & r_{12} & r_{13} & r_{14} \\ & r_{22} & r_{23} & r_{24} \\ & & r_{33} & r_{34} \\ & & & r_{44} \end{pmatrix}$$

这种分解是唯一存在的。

在 MATLAB 中，实现这种分解的命令是 chol，它的调用格式见表 6-3。

表 6-3   chol 命令的调用格式

调用格式	说　明
R = chol(A)	返回楚列斯基分解因子 R
[R,p] = chol(A)	该命令不产生任何错误信息，若 A 为正定阵，则 p=0，R 同上；若 X 非正定，则 p 为正整数，R 是有序的上三角阵
[R,p,S] = chol(A)	返回置换矩阵 S

确定正定性时，使用 chol 函数优先于使用 eig 函数。

【例 6-5】 将对称正定矩阵进行楚列斯基分解。

解： MATLAB 程序如下。

```
>>A = gallery('lehmer',5)
A =
    1.0000    0.5000    0.3333    0.2500    0.2000
    0.5000    1.0000    0.6667    0.5000    0.4000
    0.3333    0.6667    1.0000    0.7500    0.6000
    0.2500    0.5000    0.7500    1.0000    0.8000
    0.2000    0.4000    0.6000    0.8000    1.0000
>> R = chol(A)
R =
    1.0000    0.5000    0.3333    0.2500    0.2000
         0    0.8660    0.5774    0.4330    0.3464
         0         0    0.7454    0.5590    0.4472
         0         0         0    0.6614    0.5292
         0         0         0         0    0.6000
```

```
>> R' * R
ans =
    1.0000    0.5000    0.3333    0.2500    0.2000
    0.5000    1.0000    0.6667    0.5000    0.4000
    0.3333    0.6667    1.0000    0.7500    0.6000
    0.2500    0.5000    0.7500    1.0000    0.8000
    0.2000    0.4000    0.6000    0.8000    1.0000
```

6.2.2　LU 分解

矩阵的 LU 分解又称矩阵的三角分解，它的目的是将一个矩阵分解成一个下三角矩阵 L 和一个上三角矩阵 U 的乘积，即 $A = LU$。这种分解在解线性方程组、求矩阵的逆等计算中有着重要的作用。

在 MATLAB 中，实现 LU 分解的命令是 lu，它的调用格式见表 6-4。

表 6-4　lu 命令的调用格式

调 用 格 式	说　　　明
[L,U] = lu(A)	对矩阵 A 进行 LU 分解，其中 L 为单位下三角阵或其变换形式，U 为上三角阵
[L,U,P] = lu(A)	对矩阵 A 进行 LU 分解，其中 L 为单位下三角阵，U 为上三角阵，P 为置换矩阵，满足 LU=PA

【例 6-6】分别用上述两个命令对对称正定矩阵 A 进行 LU 分解，比较二者的不同。

解： MATLAB 程序如下。

```
>>A = gallery('minij',4)    %对称正定矩阵
A =
    1    1    1    1
    1    2    2    2
    1    2    3    3
    1    2    3    4
>> [L,U] = lu(A)
L =
    1    0    0    0
    1    1    0    0
    1    1    1    0
    1    1    1    1
U =
    1    1    1    1
    0    1    1    1
    0    0    1    1
    0    0    0    1
>> [L,U,P] = lu(A)
L =
    1    0    0    0
    1    1    0    0
    1    1    1    0
    1    1    1    1
```

```
U =
     1    1    1    1
     0    1    1    1
     0    0    1    1
     0    0    0    1
P =
     1    0    0    0
     0    1    0    0
     0    0    1    0
     0    0    0    1
```

📖 **注意**：gallery 函数是一个测试矩阵生成函数。当需要对某些算法进行测试时，可以利用 gallery 函数来生成各种性质的测试矩阵。其用法如下：

$$[A,B,C,\cdots] = gallery(matname,P1,P2,\cdots,classname)$$

其中，matname 表示矩阵性质，classname 表示矩阵元素是 single 还是 doubl。

6.2.3 LDM^T 与 LDL^T 分解

对于 n 阶方阵 A，所谓的 LDM^T 分解就是将 A 分解为三个矩阵的乘积：LDM^T，其中 L、M 是单位下三角矩阵，D 为对角矩阵。事实上，这种分解是 LU 分解的一种变形，因此这种分解可以将 LU 分解稍作修改得到，也可以根据 3 个矩阵的特殊结构直接计算出来。

下面给出通过直接计算得到 L、D、M 的算法源程序 ldm. m。

```
function [L,D,M] = ldm(A)
% 此函数用来求解矩阵 A 的 LDM^T 分解
% 其中 L,M 均为单位下三角矩阵,D 为对角矩阵
[m,n] = size(A);
if m~=n
    error('输入矩阵不是方阵,请正确输入矩阵!');
    return;
end
D(1,1) = A(1,1);
for i=1:n
    L(i,i) = 1;
    M(i,i) = 1;
end
L(2:n,1) = A(2:n,1)/D(1,1);
M(2:n,1) = A(1,2:n)'/D(1,1);

for j=2:n
    v(1) = A(1,j);
    for i=2:j
        v(i) = A(i,j)-L(i,1:i-1) * v(1:i-1)';
    end
    for i=1:j-1
```

```
        M(j,i)=v(i)/D(i,i);
    end
    D(j,j)=v(j);
    L(j+1:n,j)=(A(j+1:n,j)-L(j+1:n,1:j-1)*v(1:j-1)')/v(j);
end
```

【例 6-7】 利用上面的函数对测试矩阵 **A** 进行LDM^{T}分解。

解： MATLAB 程序如下。

```
>>A = gallery('orthog',4,1)
A =
    0.3717    0.6015    0.6015    0.3717
    0.6015    0.3717   -0.3717   -0.6015
    0.6015   -0.3717   -0.3717    0.6015
    0.3717   -0.6015    0.6015   -0.3717
>> [L,D,M]=ldm(A)
L =
    1.0000         0         0         0
    1.6180    1.0000         0         0
    1.6180    2.2361    1.0000         0
    1.0000    2.0000    1.6180    1.0000
D =
    0.3717         0         0         0
         0   -0.6015         0         0
         0         0    1.6625         0
         0         0         0   -2.6900
M =
    1.0000         0         0         0
    1.6180    1.0000         0         0
    1.6180    2.2361    1.0000         0
    1.0000    2.0000    1.6180    1.0000
>> L*D*M'                 %验证分解是否正确
ans =
    0.3717    0.6015    0.6015    0.3717
    0.6015    0.3717   -0.3717   -0.6015
    0.6015   -0.3717   -0.3717    0.6015
    0.3717   -0.6015    0.6015   -0.3717
```

如果 **A** 是非奇异对称矩阵，那么在LDM^{T}分解中有 **L**=**M**，此时LDM^{T}分解中的有些步骤是多余的，下面给出实对称矩阵 **A** 的LDL^{T}分解的算法源程序。

```
function [L,D]=ldl(A)
% 此函数用来求解实对称矩阵 A 的 LDL^T 分解
% 其中 L 为单位下三角矩阵,D 为对角矩阵

[m,n]=size(A);
if m~=n | ~isequal(A,A')
    error('请正确输入矩阵！');
    return;
```

```
end
D(1,1)= A(1,1);
for i=1:n
    L(i,i)= 1;
end
L(2:n,1)= A(2:n,1)/D(1,1);
for j=2:n
    v(1)= A(1,j);
    for i=1:j-1
        v(i)= L(j,i) * D(i,i);
    end
    v(j)= A(j,j)-L(j,1:j-1) * v(1:j-1)';
    D(j,j)= v(j);
    L(j+1:n,j)=(A(j+1:n,j)-L(j+1:n,1:j-1) * v(1:j-1)')/v(j);
end
```

【例 6-8】 利用上面的函数对测试矩阵 A 进行 LDL^T 分解。

解： MATLAB 程序如下。

```
>> clear
>>A = gallery('orthog',4,1)
A =
    0.3717    0.6015    0.6015    0.3717
    0.6015    0.3717   -0.3717   -0.6015
    0.6015   -0.3717   -0.3717    0.6015
    0.3717   -0.6015    0.6015   -0.3717
>> [L,D] =ldl(A)
L =
    1.0000         0         0         0
    1.6180    1.0000         0         0
    1.6180    2.2361    1.0000         0
    1.0000    2.0000    1.6180    1.0000
D =
    0.3717         0         0         0
         0   -0.6015         0         0
         0         0    1.6625         0
         0         0         0   -2.6900
>> L * D * L'            %验证分解是否正确
ans =
    0.3717    0.6015    0.6015    0.3717
    0.6015    0.3717   -0.3717   -0.6015
    0.6015   -0.3717   -0.3717    0.6015
    0.3717   -0.6015    0.6015   -0.3717
```

6.2.4　QR 分解

矩阵 A 的 QR 分解也叫正交三角分解，即将矩阵 A 表示成一个正交矩阵 Q 与一个上三

角矩阵 **R** 的乘积形式。这种分解在工程中是应用最广泛的一种矩阵分解。

在 MATLAB 中，矩阵 **A** 的 QR 分解命令是 qr，它的调用格式见表 6-5。

表 6-5　qr 命令的调用格式

调用格式	说　明
[Q,R] = qr(A)	返回正交矩阵 Q 和上三角阵 R，Q 和 R 满足 A=QR；若 A 为 m×n 矩阵，则 Q 为 m×m 矩阵，R 为 m×n 矩阵
[Q,R,E] = qr(A)	求得正交矩阵 Q 和上三角阵 R，E 为置换矩阵使得 R 的对角线元素按绝对值大小降序排列，满足 AE=QR
[Q,R] = qr(A,0)	产生矩阵 A 的"经济型"分解，即若 A 为 m×n 矩阵，且 m>n，则返回 Q 的前 n 列，R 为 n×n 矩阵；否则该命令等价于[Q,R] = qr(A)
[Q,R,E] = qr(A,0)	产生矩阵 A 的"经济型"分解，E 为置换矩阵使得 R 的对角线元素按绝对值大小降序排列，且 A(:,E) = Q∗R
R = qr(A)	对稀疏矩阵 A 进行分解，只产生一个上三角矩阵 R，R 为 A^TA 的 Cholesky 分解因子，即满足 $R^TR=A^TA$
R = qr(A,0)	对稀疏矩阵 A 的"经济型"分解
[C,R]=qr(A,b)	此命令用来计算方程组 Ax=b 的最小二乘解

【例 6-9】 对矩阵 $A = \begin{pmatrix} 1 & 2 & 3 & 4 \\ 2 & 5 & 7 & 8 \\ 3 & 7 & 6 & 9 \\ 4 & 8 & 9 & 1 \end{pmatrix}$ 进行 QR 分解。

解： MATLAB 程序如下。

```
>> clear
>>A=[1 2 3 4;2 5 7 8;3 7 6 9;4 8 9 1];
>> [Q,R]=qr(A)
Q =
    -0.1826    0.1543    0.3322   -0.9124
    -0.3651   -0.6172    0.6644    0.2106
    -0.5477   -0.4629   -0.6644   -0.2106
    -0.7303    0.6172    0.0830    0.2807
R =
    -5.4772   -11.8673   -12.9628   -9.3113
         0    -1.0801    -1.0801   -7.8695
         0         0     2.4083    0.7474
         0         0         0    -3.5795
```

下面介绍在实际的数值计算中经常要用到的两个命令：qrdelete 命令与 qrinsert 命令。前者用来求当矩阵 **A** 去掉一行或一列时，在其原有 QR 分解基础上更新出新矩阵的 QR 分解；后者用来求当 **A** 增加一行或一列时，在其原有 QR 分解基础上更新出新矩阵的 QR 分解。例如，在编写积极集法解二次规划的算法时就要用到这两个命令，利用它们来求增加或去掉某行（列）时 **A** 的 QR 分解要比直接应用 qr 命令节省时间。

qrdelete 命令与 qrinsert 命令的调用格式分别见表 6-6 和表 6-7。

表 6-6   qrdelete 命令的调用格式

调 用 格 式	说 明
[Q1,R1] = qrdelete(Q,R,j)	返回去掉 A 的第 j 列后，新矩阵的 QR 分解矩阵。其中 Q、R 为原来 A 的 QR 分解矩阵
[Q1,R1] = qrdelete(Q,R,j,'col')	
[Q1,R1] = qrdelete(Q,R,j,'row')	返回去掉 A 的第 j 行后，新矩阵的 QR 分解矩阵。其中 Q、R 为原来 A 的 QR 分解矩阵

表 6-7   qrinsert 命令的调用格式

调 用 格 式	说 明
[Q1,R1] = qrinsert(Q,R,j,x)	返回在 A 的第 j 列前插入向量 x 后，新矩阵的 QR 分解矩阵。其中 Q、R 为原来 A 的 QR 分解矩阵
[Q1,R1] = qrinsert(Q,R,j,x,'col')	
[Q1,R1] = qrinsert(Q,R,j,x,'row')	返回在 A 的第 j 行前插入向量 x 后，新矩阵的 QR 分解矩阵。其中 Q、R 为原来 A 的 QR 分解矩阵

【例 6-10】 对于矩阵 $A = \begin{pmatrix} 1 & 2 & 3 & 4 \\ 2 & 5 & 7 & 8 \\ 3 & 7 & 6 & 9 \\ 4 & 8 & 9 & 1 \end{pmatrix}$，去掉其第 3 行，求新矩阵的 QR 分解。

解：MATLAB 程序如下。

```
>>A=[1 2 3 4;2 5 7 8;3 7 6 9;4 8 9 1];
>> [Q,R]=qr(A);
>> [Q1,R1]=qrdelete(Q,R,3,'row')
Q1 =
    0.2182   -0.1059    0.9701
    0.4364    0.8997    0.0000
    0.8729   -0.4234   -0.2425
R1 =
    4.5826    9.6016   11.5655    5.2372
         0    0.8997    2.1700
         0         0    0.7276
>> A(3,:)=[]        %去掉 A 的第 3 行
A =
    1    2    3    4
    2    5    7    8
    4    8    9    1
>> Q1*R1           %与上面去掉第三行的 A 作比较
ans =
    1.0000    2.0000    3.0000    4.0000
    2.0000    5.0000    7.0000    8.0000
    4.0000    8.0000    9.0000    1.0000
```

6.2.5 SVD 分解

奇异值分解（SVD）是现代数值分析（尤其是数值计算）的最基本和最重要的工具之

一，因此在工程实际中有着广泛的应用。

所谓的 SVD 分解指的是将 $m×n$ 矩阵 A 表示为 3 个矩阵乘积的形式：USV^T，其中 U 为 $m×m$ 酉矩阵，V 为 $n×n$ 酉矩阵，S 为对角矩阵，其对角线元素为矩阵 A 的奇异值且满足 $s_1 \geqslant s_2 \geqslant \cdots \geqslant s_r > s_{r+1} = \cdots = s_n = 0$，$r$ 为矩阵 A 的秩。在 MATLAB 中，这种分解是通过 svd 命令来实现的。

svd 命令的调用格式见表 6-8。

表 6-8 svd 命令的调用格式

调 用 格 式	说　　明
s = svd (A)	返回矩阵 A 的奇异值向量 s
[U,S,V] = svd (A)	返回矩阵 A 的奇异值分解因子 U、S、V
[U,S,V] = svd (A,0)	返回 m×n 矩阵 A 的"经济型"奇异值分解，若 m>n 则只计算出矩阵 U 的前 n 列，矩阵 S 为 n×n 矩阵，否则同[U,S,V] = svd (A)

【例 6-11】 求矩阵 $A = \begin{pmatrix} 1 & 2 & 3 & 4 \\ 2 & 5 & 7 & 8 \\ 3 & 7 & 6 & 9 \\ 4 & 8 & 9 & 1 \end{pmatrix}$ 的 SVD 分解。

解： MATLAB 程序如下。

```
>> clear
>>A=[1 2 3 4;2 5 7 8;3 7 6 9;4 8 9 1];
>> r=rank(A)         %求出矩阵 A 的秩,与下面 S 的非零对角元个数一致
r =
4
>> [S,V,D]=svd(A)
S =
    -0.2456    -0.2080     0.3018    -0.8974
    -0.5448    -0.3165     0.6413     0.4380
    -0.6036    -0.3712    -0.7055     0.0140
    -0.5278     0.8478     0.0045    -0.0506
V =
    21.4089          0          0          0
         0     6.9077          0          0
         0          0     1.7036          0
         0          0          0     0.2024
D =
    -0.2456     0.2080    -0.3018    -0.8974
    -0.5448     0.3165    -0.6413     0.4380
    -0.6036     0.3712     0.7055     0.0140
    -0.5278    -0.8478    -0.0045    -0.0506
```

6.2.6 舒尔（Schur）分解

舒尔分解是 Schur 于 1909 年提出的矩阵分解，它是一种典型的相似变换，这种变换的

最大好处是能够保持数值稳定，因此在工程计算中也是重要工具之一。

对于矩阵 $A \in C^{n \times n}$，所谓的舒尔分解是指找一个酉矩阵 $U \in C^{n \times n}$，使得 $U^H AU = T$，其中 T 为上三角矩阵，称为舒尔矩阵，其对角元素为矩阵 A 的特征值。在 MATLAB 中，这种分解是通过 schur 命令来实现的。

schur 命令的调用格式见表 6-9。

表 6-9　schur 命令的调用格式

调 用 格 式	说　　明
T = schur(A)	返回舒尔矩阵 T，若 A 有复特征值，则相应的对角元以 2×2 的块矩阵形式给出
T = schur(A,flag)	若 A 有复特征值，则 flag='complex'，否则 flag='real'
[U,T] = schur(A,⋯)	返回酉矩阵 U 和舒尔矩阵 T

【例 6-12】 求矩阵 $A = \begin{pmatrix} 1 & 2 & 3 & 4 \\ 2 & 5 & 7 & 8 \\ 3 & 7 & 6 & 9 \\ 4 & 8 & 9 & 1 \end{pmatrix}$ 的舒尔分解。

解：MATLAB 程序如下。

```
>> clear
>>A=[1 2 3 4;2 5 7 8;3 7 6 9;4 8 9 1];
>> [U,T]=schur(A)
U =
    -0.2080    0.3018   -0.8974    0.2456
    -0.3165    0.6413    0.4380    0.5448
    -0.3712   -0.7055    0.0140    0.6036
     0.8478    0.0045   -0.0506    0.5278
T =
    -6.9077         0         0         0
          0   -1.7036         0         0
          0         0    0.2024         0
          0         0         0   21.4089
>> lambda=eig(A)    %因为矩阵 A 有复特征值,所以对应上面的 T 有一个 2 阶块矩阵
lambda =
    -6.9077
    -1.7036
     0.2024
    21.4089
```

对于上面这种有复特征值的矩阵，可以利用 [U,T] = schur(A,'copmlex') 来求其舒尔分解，也可利用 rsf2csf 命令将上例中的 U、T 转化为复矩阵。下面再用这两种方法求上例中矩阵 A 的舒尔分解。

【例 6-13】 求矩阵 $A = \begin{pmatrix} 1 & 2 & 3 & 4 \\ 2 & 5 & 7 & 8 \\ 3 & 7 & 6 & 9 \\ 4 & 8 & 9 & 1 \end{pmatrix}$ 的复舒尔分解。

解：<法一>

```
>>A=[1 2 3 4;2 5 7 8;3 7 6 9;4 8 9 1];
>> [U,T]=schur(A,'complex')
U =
    -0.2080    0.3018   -0.8974    0.2456
    -0.3165    0.6413    0.4380    0.5448
    -0.3712   -0.7055    0.0140    0.6036
     0.8478    0.0045   -0.0506    0.5278
T =
    -6.9077         0         0         0
          0   -1.7036         0         0
          0         0    0.2024         0
          0         0         0   21.4089
```

<法二>

```
>> [U,T]=schur(A);
>> [U,T]=rsf2csf(U,T)
U =
    -0.2080    0.3018   -0.8974   0.2456
    -0.3165    0.6413    0.4380   0.5448
    -0.3712   -0.7055    0.0140   0.6036
     0.8478    0.0045   -0.0506   0.5278
T =
    -6.9077         0         0         0
          0   -1.7036         0         0
          0         0    0.2024         0
          0         0         0   21.4089
```

6.2.7 海森伯格（Hessenberg）分解

如果矩阵 H 的第一子对角线下元素都是 0，则 H（或其转置形式）称为上（下）海森伯格矩阵。这种矩阵在零元素所占比例及分布上都接近三角矩阵，虽然它在特征值等性质方面不如三角矩阵那样简单，但在实际应用中，应用相似变换将一个矩阵化为海森伯格矩阵是可行的，而化为三角矩阵则不易实现；而且通过化为海森伯格矩阵来处理矩阵计算问题能够大大节省计算量，因此在工程计算中，海森伯格分解也是常用的工具之一。在 MATLAB 中，可以通过 hess 命令来得到这种形式。hess 命令的调用格式见表 6-10。

表 6-10 hess 命令的调用格式

调用格式	说 明
H = hess(A)	返回矩阵 A 的上海森伯格形式
[P,H] = hess(A)	返回一个上海森伯格矩阵 H 以及一个酉矩阵 P，满足：A = PHP' 且 P'P = I
[H,T,Q,U] = hess(A,B)	对于方阵 A、B，返回上海森伯格矩阵 H，上三角矩阵 T 以及酉矩阵 Q、U，使得 QAU = H 且 QBU = T

【例 6-14】 将测试矩阵 A 化为海森伯格形式，并求出变换矩阵 P。

解：MATLAB 程序如下。

```
>> clear
>>A = gallery('randhess',4)    % 生成 4×4 随机正交上 Hessenberg 矩阵
A =
     0.3956   -0.7622    0.3578    0.3669
     0.9184    0.3283   -0.1541   -0.1580
          0    0.5580    0.5794    0.5941
          0         0   -0.7159    0.6982
>> [P,H] = hess(A)
P =
     1    0    0    0
     0    1    0    0
     0    0    1    0
     0    0    0    1
H =
     0.3956   -0.7622    0.3578    0.3669
     0.9184    0.3283   -0.1541   -0.1580
          0    0.5580    0.5794    0.5941
          0         0   -0.7159    0.6982
```

6.3　线性方程组的求解

在线性代数中，求解线性方程组是一个基本内容，在实际中，许多工程问题都可以化为线性方程组的求解问题。本节将讲述如何用 MATLAB 来解各种线性方程组。为了使读者能够更好地掌握本节内容，我们将本节分为四部分：第一部分简单介绍一下线性方程组的基础知识；后几节讲述利用 MATLAB 求解线性方程组的几种方法。

6.3.1　线性方程组基础

对于线性方程组 $Ax = b$，其中 $A \in R^{m \times n}$，$b \in R^m$。若 $m = n$，称之为恰定方程组；若 $m > n$，称之为超定方程组；若 $m < n$，称之为欠定方程组。若 $b = 0$，则相应的方程组称为齐次线性方程组，否则称为非齐次线性方程组。对于齐次线性方程组解的个数有下面的定理。

定理 1：设方程组系数矩阵 A 的秩为 r，则

1）若 $r = n$，则齐次线性方程组有唯一解。

2）若 $r < n$，则齐次线性方程组有无穷解。

对于非齐次线性方程组解的存在性有下面的定理。

定理 2：设方程组系数矩阵 A 的秩为 r，增广矩阵 $[A\ b]$ 的秩为 s，则

1）若 $r = s = n$，则非齐次线性方程组有唯一解。

2）若 $r = s < n$，则非齐次线性方程组有无穷解。

3）若 $r \neq s$，则非齐次线性方程组无解。

关于齐次线性方程组与非齐次线性方程组之间的关系有下面的定理。

定理 3：非齐次线性方程组的通解等于其一个特解与对应齐次方程组的通解之和。

若线性方程组有无穷多解，则希望找到一个基础解系 $\eta_1, \eta_2, \cdots, \eta_r$，以此来表示相应齐次方程组的通解：$k_1\eta_1 + k_2\eta_2 + \cdots + k_r\eta_r (k_r \in R)$。对于这个基础解系，可以通过求矩阵 A 的核空间矩阵得到，在 MATLAB 中，可以用 null 命令得到 A 的核空间矩阵。

null 命令的调用格式见表 6-11。

表 6-11 **null** 命令的调用格式

调 用 格 式	说　　明
Z= null(A)	返回矩阵 A 核空间矩阵 Z，即其列向量为方程组 Ax=0 的一个基础解系，Z 还满足 Z'Z=I
Z= null(A,'r')	Z 的列向量是方程 Ax=0 的有理基，与上面的命令不同的是 Z 不满足 Z^TZ=I

【例 6-15】 求方程组 $\begin{cases} x_1+2x_2+2x_3+x_4=0 \\ 2x_1+x_2-2x_3-2x_4=0 \\ x_1-x_2-4x_3-3x_4=0 \end{cases}$ 的通解。

解：MATLAB 程序如下。

```
>> clear
>> A=[1 2 2 1;2 1 -2 -2;1 -1 -4 -3];   % 输入系数矩阵 A
>> format rat              % 指定以有理形式输出
>> Z=null(A,'r')
Z =
        2        5/3
       -2       -4/3
        1        0
        0        1
```

所以该方程组的通解为

$$x=k_1\begin{pmatrix} 2 \\ -2 \\ 1 \\ 0 \end{pmatrix}+k_2\begin{pmatrix} 5/3 \\ -4/3 \\ 0 \\ 1 \end{pmatrix}(k_1,k_2\in R)$$

在本小节的最后，给出了一个判断线性方程组 $\boldsymbol{A}x=b$ 解的存在性的函数 isexist.m，程序如下。

```
function y=isexist(A,b)
% 该函数用来判断线性方程组 Ax=b 的解的存在性
% 若方程组无解则返回 0,若有唯一解则返回 1,若有无穷多解则返回 Inf

[m,n]=size(A);
[mb,nb]=size(b);
if m~=mb
    error('输入有误！');
    return;
end
r=rank(A);
s=rank([A,b]);
if r==s&r==n
    y=1;
elseif r==s&r<n
    y=Inf;
else
    y=0;
end
```

6.3.2 利用矩阵的逆（伪逆）与除法求解

对于线性方程组 $Ax=b$，若其为恰定方程组且 A 是非奇异的，则求 x 的最明显的方法便是利用矩阵的逆，即 $x=A^{-1}b$；若不是恰定方程组，则可利用伪逆来求其一个特解。

【例 6-16】 求线性方程组 $\begin{cases} x_1+2x_2+2x_3=1 \\ x_2-2x_3-2x_4=2 \\ x_1+3x_2-2x_4=3 \end{cases}$ 的通解。

解：MATLAB 程序如下。

```
>> clear
>> format rat
>> A=[1 2 2 0;0 1 -2 -2;1 3 0 -2];
>> b=[1 2 3]';
>> x0=pinv(A)*b    % 利用伪逆求方程组的一个特解
x0 =
        13/77
        46/77
        -2/11
       -40/77
>> Z=null(A,'r')    % 求相应齐次方程组的基础解系
Z =
       -6      -4
        2       2
        1       0
        0       1
```

因此原方程组的通解为

$$x = \begin{pmatrix} 13/77 \\ 46/77 \\ -2/11 \\ -40/77 \end{pmatrix} + k_1 \begin{pmatrix} -6 \\ 2 \\ 1 \\ 0 \end{pmatrix} + k_2 \begin{pmatrix} -4 \\ 2 \\ 0 \\ 1 \end{pmatrix} (k_1,k_2 \in R)$$

若系数矩阵 A 非奇异，还可以利用矩阵除法来求解方程组的解，即 $x=A \backslash b$，虽然这种方法与上面的方法都采用高斯（Gauss）消去法，但该方法不对矩阵 A 求逆，因此可以提高计算精度且能够节省计算时间。

【例 6-17】 编写一个 M 文件，用来比较上面两种方法求解线性方程组在时间与精度上的区别。

解：编写 compare.m 文件如下。

```
% 该 M 文件用来演示求逆法与除法求解线性方程组在时间与精度上的区别

A=1000*rand(1000,1000);    %随机生成一个 1000 维的系数矩阵
x=ones(1000,1);
b=A*x;
disp('利用矩阵的逆求解所用时间及误差为:');
tic
```

142

```
y = inv(A) * b;
t1 = toc
error1 = norm(y−x)          %利用 2−范数来刻画结果与精确解的误差

disp('利用除法求解所用时间及误差为:')
tic
y = A\b;
t2 = toc
error2 = norm(y−x)
```

该 M 文件的运行结果如下:

```
>> compare
利用矩阵的逆求解所用时间及误差为:
t1 =
    0.2276
error1 =
    3.9475e−11
利用除法求解所用时间及误差为:
t2 =
    0.0889
error2 =
    1.0466e−11
```

由这个例子可以看出,利用除法来解线性方程组所用时间仅为求逆法的约 1/3,其精度也要比求逆法高出一个数量级左右,因此在实际中应尽量不要使用求逆法。

📖 **小技巧:** 如果线性方程组 $Ax=b$ 的系数矩阵 A 奇异且该方程组有解,那么有时可以利用伪逆来求其一个特解,即 $x=\text{pinv}(A)*b$。

6.3.3   利用行阶梯形求解

这种方法只适用于恰定方程组,且系数矩阵非奇异,若不然这种方法只能简化方程组的形式,若想将其解出还需进一步编程实现,因此本小节内容都假设系数矩阵非奇异。

将一个矩阵化为行阶梯形的命令是 rref,它的调用格式见表 6−12。

表 6−12   rref 命令的调用格式

调 用 格 式	说　　明
R = rref(A)	利用高斯消去法得到矩阵 A 的行阶梯形 R
[R,jb] = rref(A)	返回矩阵 A 的行阶梯形 R 以及向量 jb
[R,jb] = rref(A,tol)	返回基于给定误差限 tol 的矩阵 A 的行阶梯形 R 以及向量 jb

上面命令中的向量 jb 满足下列条件:

1) $r=\text{length}(jb)$ 即矩阵 A 的秩。

2) $x(jb)$ 为线性方程组 $Ax=b$ 的约束变量。

3）$A(:,jb)$ 为矩阵 A 所在空间的基。

4）$R(1:r,jb)$ 是 $r \times r$ 单位矩阵。

当系数矩阵非奇异时，可以利用这个命令将增广矩阵 $(A\ b)$ 化为行阶梯形，那么 R 的最后一列即为方程组的解。

【例6-18】 求方程组 $\begin{cases} 5x_1+6x_2-6x_3 & =1 \\ x_1+5x_2+6x_3 & =2 \\ x_2+5x_3+6x_4 & =0 \\ x_3+5x_4+6x_5 & =2 \\ x_4+5x_5 & =0 \end{cases}$ 的解。

解：MATLAB 程序如下。

```
>> clear
>> A=[5 6 -6 0 0;1 5 6 0 0;0 1 5 6 0;0 0 1 5 6;0 0 0 1 5];
>> b=[1 20 2 0]';
>> r=rank(A)          %求 A 的秩看其是否非奇异
r =
    5
>> B=[A,b];           %B 为增广矩阵
>> R=rref(B)          %将增广矩阵化为阶梯形
R =
    1.0000         0         0         0         0   -8.6334
         0    1.0000         0         0         0    4.9819
         0         0    1.0000         0         0   -2.3793
         0         0         0    1.0000         0    1.1524
         0         0         0         0    1.0000   -0.2305
>> x=R(:,6)           %R 的最后一列即为解
x =
   -8.6334
    4.9819
   -2.3793
    1.1524
   -0.2305
>> A*x               %验证解的正确性
ans =
    1.0000
    2.0000
   -0.0001
    1.9999
   -0.0000
```

6.3.4 利用矩阵分解法求解

利用矩阵分解来求解线性方程组，可以节省内存和计算时间，因此它也是在工程计算中最常用的技术。本小节将讲述如何利用 LU 分解、QR 分解与楚列斯基（Cholesky）分解来求解线性方程组。

1. LU 分解法

这种方法的思路是先将系数矩阵 A 进行 LU 分解，得到 $LU=PA$，然后求解 $Ly=Pb$，最后再求解 $Ux=y$ 得到原方程组的解。因为矩阵 L、U 的特殊结构，使得上面两个方程组可以很容易地求出来。下面给出一个利用 LU 分解法求解线性方程组 $Ax=b$ 的函数 solvebyLU. m。

```
function x=solvebyLU(A,b)
% 该函数利用 LU 分解法求线性方程组 Ax=b 的解

flag=isexist(A,b);                  %调用第一小节中的 isexist 函数判断方程组解的情况
if flag==0
    disp('该方程组无解！');
    x=[ ];
    return;
else
    r=rank(A);
    [m,n]=size(A);
    [L,U,P]=lu(A);
    b=P*b;

    % 解 Ly=b
    y(1)=b(1);
    if m>1
        for i=2:m
            y(i)=b(i)-L(i,1:i-1)*y(1:i-1)';
        end
    end
    y=y';

    % 解 Ux=y 得原方程组的一个特解
    x0(r)=y(r)/U(r,r);
    if r>1
        for i=r-1:-1:1
            x0(i)=(y(i)-U(i,i+1:r)*x0(i+1:r)')/U(i,i);
        end
    end
    x0=x0';

    if flag==1                      %若方程组有唯一解
        x=x0;
        return;
    else                            %若方程组有无穷多解
        format rat;
        Z=null(A,'r');              %求出对应齐次方程组的基础解系
        [mZ,nZ]=size(Z);
        x0(r+1:n)=0;
        for i=1:nZ
            t=sym(char([107 48+i]));
            k(i)=t;                 %取 k=[k1,k2…,];
        end
        x=x0;
```

145

```
            for i = 1:nZ
                x = x + k(i) * Z(:,i);        %将方程组的通解表示为特解加对应齐次通解形式
            end
        end
end
```

【例 6-19】 利用 LU 分解法求方程组 $\begin{cases} 5x_1 + 6x_2 - 6x_3 & = 1 \\ x_1 + 5x_2 + 6x_3 & = 2 \\ x_2 + 5x_3 + 6x_4 & = 0 \end{cases}$ 的通解。

解：MATLAB 程序如下。

```
>> clear
>> A = [5 6 -6 0;1 5 6 0;0 1 5 6];
>> b = [1 2 0]';
>> x = solvebyLU(A,b)
x =
  - (396 * k1)/59 - 53/59
    (216 * k1)/59 + 45/59
  - (114 * k1)/59 - 9/59
                       k1
```

2. QR 分解法

利用 QR 分解法解方程组的思路与上面的 LU 分解法是一样的，也是先将系数矩阵 A 进行 QR 分解：$A = QR$，然后解 $Qy = b$，最后解 $Rx = y$ 得到原方程组的解。对于这种方法，需要注意 Q 是正交矩阵，因此 $Qy = b$ 的解即 $y = Q'b$。下面给出一个利用 QR 分解法求解线性方程组 $Ax = b$ 的函数 solvebyQR. m。

```
function x = solvebyQR(A,b)
% 该函数利用 QR 分解法求线性方程组 Ax = b 的解

flag = isexist(A,b);                    %调用第一小节中的 isexist 函数判断方程组解的情况
if flag == 0
    disp('该方程组无解！');
    x = [];
    return;
else
    r = rank(A);
    [m,n] = size(A);
    [Q,R] = qr(A);
    b = Q' * b;

    % 解 Rx = b 得原方程组的一个特解
    x0(r) = b(r)/R(r,r);
    if r>1
        for i = r-1:-1:1
            x0(i) = (b(i) - R(i,i+1:r) * x0(i+1:r)')/R(i,i);
        end
```

```
                end
        x0 = x0';

        if flag = = 1                    %若方程组有唯一解
            x = x0;
            return;
        else                             %若方程组有无穷多解
            format rat;
            Z = null(A,'r');             %求出对应齐次方程组的基础解系
            [mZ,nZ] = size(Z);
            x0(r+1:n) = 0;
            for i = 1:nZ
                t = sym(char([107 48+i]));
                k(i) = t;                %取 k = [k1,…,kr];
            end
            x = x0;
            for i = 1:nZ
                x = x+k(i) * Z(:,i);     %将方程组的通解表示为特解加对应齐次通解形式
            end
        end
    end
end
```

【例 6-20】 利用 QR 分解法求方程组 $\begin{cases} 5x_1+6x_2-6x_3 & =1 \\ x_1+5x_2+6x_3 & =2 \\ x_2+5x_3+6x_4 & =0 \end{cases}$ 的通解。

解: MATLAB 程序如下。

```
>> clear
>> A = [5 6 -6 0;1 5 6 0;0 1 5 6];
>> b = [1 2 0]';
>> x = solvebyQR(A,b)
x =
    – (396 * k1)/59 – 53/59
      (216 * k1)/59 + 45/59
    – (114 * k1)/59 – 9/59
                        k1
```

3. 楚列斯基分解法

与上面两种矩阵分解法不同的是,楚列斯基分解法只适用于系数矩阵 A 是对称正定的情况。

楚列斯基分解法解方程的思路是先将矩阵 A 进行楚列斯基分解:$A = R'R$,然后求解 $R'y = b$,最后再求解 $Rx = y$ 得到原方程组的解。下面给出一个利用楚列斯基分解法求解线性方程组 $Ax = b$ 的函数 solvebyCHOL. m。

```
function x = solvebyCHOL(A,b)
% 该函数利用楚列斯基分解法求线性方程组 Ax=b 的解

lambda = eig(A);
```

```
if lambda>eps&isequal(A,A')
    [n,n]=size(A);
    R=chol(A);

    %解 R'y=b
    y(1)=b(1)/R(1,1);
    if n>1
        for i=2:n
            y(i)=(b(i)-R(1:i-1,i)'*y(1:i-1)')/R(i,i);
        end
    end

    %解 Rx=y
    x(n)=y(n)/R(n,n);
    if n>1
        for i=n-1:-1:1
            x(i)=(y(i)-R(i,i+1:n)*x(i+1:n)')/R(i,i);
        end
    end
    x=x';
else
    x=[];
    disp('该方法只适用于对称正定的系数矩阵！');
end
```

【例 6-21】 利用楚列斯基分解法求 $\begin{cases} 3x_1+3x_2-3x_3=1 \\ 3x_1+5x_2-2x_3=2 \\ -3x_1-2x_2+5x_3=3 \end{cases}$ 的解。

解：MATLAB 程序如下。

```
>> clear
>> A=[3 3 -3;3 5 -2;-3 -2 5];
>> b=[1 2 3]';
>> x=solvebyCHOL(A,b)
x =
      3.3333
     -0.6667
      2.3333
>> A*x        %验证解的正确性
ans =
      1.0000
      2.0000
      3.0000
```

在本小节的最后，再给出一个函数 solvelineq. m。对于这个函数，读者可以通过输入参数来选择用上面的哪种矩阵分解法求解线性方程组。

```
function x=solvelineq(A,b,flag)
% 该函数是矩阵分解法汇总，通过 flag 的取值来调用不同的矩阵分解
% 若 flag='LU',则调用 LU 分解法；
```

```
% 若 flag='QR',则调用 QR 分解法;
% 若 flag='CHOL',则调用 CHOL 分解法;

if strcmp(flag,'LU')
    x=solvebyLU(A,b);
elseif strcmp(flag,'QR')
    x=solvebyQR(A,b);
elseif strcmp(flag,'CHOL')
    x=solvebyCHOL(A,b);
else
    error('flag 的值只能为 LU,QR,CHOL! ');
end
```

6.3.5　非负最小二乘解

在实际问题中,用户往往会要求线性方程组的解是非负的,若此时方程组没有精确解,则希望找到一个能够尽量满足方程的非负解。对于这种情况,可以利用 MATLAB 中求非负最小二乘解的命令 lsqnonneg 来实现(这个命令在第 8 章还会讲到)。该命令实际上是解下面的二次规划问题:

$$\min \ \|Ax-b\|_2$$
$$\text{s. t.} \ \ x_i \geqslant 0, i=1,2,\cdots,n$$

以此来得到线性方程组 $Ax=b$ 的非负最小二乘解。

lsqnonneg 命令的使用格式见表 6-13。

表 6-13　lsqnonneg 命令的使用格式

调 用 格 式	说　　明
x=lsqnonneg(A,b)	利用高斯消去法得到矩阵 A 的最小向量 x
x=lsqnonneg(A,b,options)	使用结构体 options 中指定的优化选项求最小值,使用 optimset 可设置这些选项

【例 6-22】 求方程组 $\begin{cases} x_2-x_3+2x_4=1 \\ x_1-x_3+x_4=0 \\ -2x_1+x_2+x_4=1 \end{cases}$ 的最小二乘解。

解:MATLAB 程序如下。

```
>> clear
>> A=[0 1 -1 2;1 0 -1 1;-2 1 0 1];
>> b=[1 0 1]';
>> x=lsqnonneg(A,b)
x =
         0
    1.0000
         0
    0.0000
>> A*x                    %验证解的正确性
ans =
    1.0000
    0.0000
    1.0000
```

6.4 操作实例——"病态"矩阵问题

利用 MATLAB 分析随机矩阵的病态性质。

解：设 A 是一个 6 维的随机矩阵，取

$$b = (1 \quad 2 \quad 1 \quad 1.414 \quad 1 \quad 2)^{\mathrm{T}}, \; b + \Delta b = (1 \quad 2 \quad 1 \quad 1.4142 \quad 1 \quad 2)^{\mathrm{T}}$$

其中 $b + \Delta b$ 是在 b 的基础上有一个相当微小的扰动 Δb。分别求解线性方程组 $Ax_1 = b$ 与 $Ax_2 = b + \Delta b$，比较 x_1 与 x_2，若两者相差很大，则说明系数矩阵的"病态"相当严重。

MATLAB 的操作步骤如下。

```
>> format rat            %将希尔伯特矩阵以有理形式表示出来
>>A = gallery('randcolu',6)
A =
  1 至 5 列
        135/244       435/1028       -259/512      -592/1279        451/918
      -269/1722        211/831        253/519     -2068/4779        135/482
       371/1879       336/1105         94/719      -797/2270       383/4685
       -442/993        643/878       -889/1677      -407/1732      -369/1009
       724/5749       812/5015       -542/3073      1216/2021      1967/2727
        293/454      -452/1419       -589/1399      -636/2641       189/1354
  6 列
       -548/3053
        -619/966
       -250/2267
        579/1475
       -354/1027
         229/439
>> b1 = [1 2 1 1.414 1 2]';
>> b2 = [1 2 1 1.4142 1 2]';
>> format
>> x1 = solvelineq(A,b1,'LU')       %利用 LU 分解来求解 Ax=b1
x1 =
    -5.6281
     0.6098
     3.9648
    -4.3217
    11.2778
     9.3566
>> x2 = solvelineq(A,b2,'LU')      %利用 LU 分解来求解 Ax=b2
x2 =
    -5.6284
     0.6099
     3.9648
    -4.3218
    11.2780
     9.3568
>>errb = norm(b1-b2)              %求 b1 与 b2 差的 2-范数,以此来度量扰动的大小
errb =
    2.0000e-04
```

```
>>errx＝norm(x1-x2)          %求 x1 与 x2 差的 2-范数,以此来度量解扰动的大小
errx ＝
     4.3070e-04
```

从计算结果可以看出：解的扰动相比于 b 的扰动要剧烈得多，前者大约是后者的近 10^7 倍。由此可知随机矩阵是"病态"严重的矩阵。

6.5 课后习题

1. 线性方程组如何求解，有几种方法？
2. 如何判断方程组有解？
3. 对下面的方程组进行求解

（1）求 $\begin{cases} x_1+2x_2+2x_3=1 \\ x_2-2x_3-2x_4=2 \\ x_1+3x_2-2x_4=3 \end{cases}$ 的通解。

（2）求 $\begin{cases} x_1+x_2-3x_3-x_4=1 \\ 3x_1-x_2-3x_3+4x_4=4 \\ x_1+5x_2-9x_3-8x_4=0 \end{cases}$ 的通解。

（3）求 $\begin{cases} x_1-2x_2+3x_3+x_4=1 \\ 3x_1-x_2+x_3-3x_4=2 \\ 2x_1+x_2+2x_3-2x_4=3 \end{cases}$ 的通解。

（4）求 $\begin{cases} x_2-x_3+2x_4=1 \\ x_1-x_3+x_4=0 \\ -2x_1+x_2+x_4=1 \end{cases}$ 的解。

4. 利用 QR 分解法求 $\begin{cases} x_1-8x_2+6x_3+4x_4=0 \\ 3x_1-5x_2-2x_3-3x_4=5 \\ 5x_1+3x_2+2x_3-5x_4=3 \end{cases}$ 的解并进行验证。

5. 利用 LU 分解法求 $\begin{cases} x_1-8x_2+6x_3+4x_4=0 \\ 3x_1-5x_2-2x_3-3x_4=5 \\ 5x_1+3x_2+2x_3-5x_4=3 \end{cases}$ 的解并进行验证。

6. 利用楚列斯基分解法求 $\begin{cases} x_1-8x_2+6x_3+4x_4=0 \\ 3x_1-5x_2-2x_3-3x_4=5 \\ 5x_1+3x_2+2x_3-5x_4=3 \end{cases}$ 的解并进行验证。

7. 利用非负最小二乘解法求 $\begin{cases} x_1-8x_2+6x_3+4x_4=0 \\ 3x_1-5x_2-2x_3-3x_4=5 \\ 5x_1+3x_2+2x_3-5x_4=3 \end{cases}$ 的解并进行验证。

第7章 微分与积分计算

在工程运算中，微分和积分应用广泛，在计算上二者是相反运算，在实际中积分是无限微小量的总和，微分是一个极小量和由它引起的另一个微小量的比的极限值。在工程中大多数情况下都使用 MATLAB 提供的积分、微分运算函数来计算，少数情况也可通过利用 MATLAB 编程实现。

7.1 极限、导数

在工程计算中，经常会研究某一函数随自变量的变化趋势与相应的变化率，也就是要研究函数的极限与导数问题。本节主要讲述如何用 MATLAB 来解决这些问题。

7.1.1 极限

极限是数学分析最基本的概念与出发点，在工程实际中，其计算往往比较烦琐，而运用 MATLAB 提供的 limit 命令则可以很轻松地解决这些问题。

limit 命令的调用格式见表 7-1。

表 7-1 limit 命令的调用格式

命　　令	说　　明
limit (f,x,a)或 limit (f,a)	求解$\lim\limits_{x\to a}f(x)$
limit (f)	求解$\lim\limits_{x\to 0}f(x)$
limit (f,x,a,'right')	求解$\lim\limits_{x\to a+}f(x)$
limit (f,x,a,'left')	求解$\lim\limits_{x\to a-}f(x)$

【例 7-1】计算$\lim\limits_{x\to 0}\dfrac{\sin x}{x}$。

解：MATLAB 程序如下。

```
>> clear
>>syms x;
>> f=sin(x)/x;
>>limit(f)
ans =
1
```

【例 7-2】计算$\lim\limits_{x\to 0}\dfrac{\sin\left(\dfrac{\pi}{2}+x\right)-1}{x}$。

解： MATLAB 程序如下。

```
>> clear
>>syms x;
>> f=sin((pi/2+x)-1)/x;
>> limit(f)
   ans =
       1
```

【例 7-3】 计算 $\lim\limits_{x\to 0+}\dfrac{x+\ln(1+x)}{x}$。

解： MATLAB 程序如下。

```
>> clear
>> syms x
>> limit((x+log(1+x))/x,x,0,'right')
ans =
2
```

【例 7-4】 计算 $\lim\limits_{(x,y)\to(0,0)}\dfrac{e^x+e^y}{\cos x-\sin y}$。

解： MATLAB 程序如下。

```
>>syms x y
>> f=((exp(x)+exp(y))/(cos(x)-sin(y)));
>> limit(limit(f,x,0),y,0)
ans =
2
```

7.1.2 导数

导数是数学分析的基础内容之一，在工程应用中用来描述各种各样的变化率。可以根据导数的定义，利用上一节的 limit 命令来求解已知函数的导数，事实上，MATLAB 提供了专门的函数求导命令 diff。

diff 命令的调用格式见表 7-2。

表 7-2 diff 命令的调用格式

命 令	说 明
diff (f)	求函数 f(x) 的导数
diff (f,n)	求函数 f(x) 的 n 阶导数
diff (f,x,n)	求多元函数 f(x,y,…) 对 x 的 n 阶导数

【例 7-5】 计算 $y=2^x+\sqrt{x}+\ln x$ 的导数。

解： MATLAB 程序如下。

```
>> clear
>> syms x
```

```
>> f=2^x+x^(1/2)+log(x);
>> diff(f)
ans =
2^x * log(2) + 1/x + 1/(2 * x^(1/2))
```

【例 7-6】 计算 $y=\cos(2x+3)$ 的 3 阶导数。

解： MATLAB 程序如下。

```
>> clear
>> syms x
>> f=cos(2 * x+3);
>> diff(f,3)
ans =
8 * sin(2 * x + 3)
```

【例 7-7】 计算 $f=e^{2(x+y^2)}+\ln(x^2+y)+\sin(1+x^2)$ 对 x、y 的 1 阶、2 阶偏导数。

解： MATLAB 程序如下。

```
>> clear
>>syms x y
>> f=exp(2 * (x+y^2))+log(x^2+y)+sin(1+x^2);
>> fx=diff(f,x)
fx =
2 * exp(2 * y^2 + 2 * x) + 2 * x * cos(x^2 + 1) + (2 * x)/(x^2 + y)
>> fy=diff(f,y)
fy =
1/(x^2 + y) + 4 * y * exp(2 * y^2 + 2 * x)
>>fxy=diff(fx,y)
fxy =
8 * y * exp(2 * y^2 + 2 * x) - (2 * x)/(x^2 + y)^2
>>fyx=diff(fy,x)
fyx =
8 * y * exp(2 * y^2 + 2 * x) - (2 * x)/(x^2 + y)^2
>>fxx=diff(fx,x)
fxx =
2 * cos(x^2 + 1) + 4 * exp(2 * y^2 + 2 * x) + 2/(x^2 + y) - (4 * x^2)/(x^2 + y)^2 - 4 * x^2 * sin(x^2 +
1)
>>fyy=diff(fy,y)
fyy =
4 * exp(2 * y^2 + 2 * x) + 16 * y^2 * exp(2 * y^2 + 2 * x) - 1/(x^2 + y)^2
>>fxx=diff(f,x,2)
fxx =
2 * cos(x^2 + 1) + 4 * exp(2 * y^2 + 2 * x) + 2/(x^2 + y) - (4 * x^2)/(x^2 + y)^2 - 4 * x^2 * sin(x^2 +
1)
>>fyy=diff(f,y,2)
fyy =
4 * exp(2 * y^2 + 2 * x) + 16 * y^2 * exp(2 * y^2 + 2 * x) - 1/(x^2 + y)^2
```

7.2 微积分

众所周知，微积分的两大部分是微分与积分。微分实际上是求函数的导数，而积分是已知函数的导数，求这个函数。所以，微分与积分互为逆运算。

7.2.1 定积分与不定积分

积分与微分不同，它是研究函数整体性态的，因此它在工程中的作用是不言而喻的。实际上，积分还可以分为两种。一种是单纯的积分，也就是已知导数求原函数，而若 $F(x)$ 的导数是 $f(x)$，那么 $F(x)+C$（C 是常数）的导数也是 $f(x)$，也就是说，把 $f(x)$ 积分，不一定能得到 $F(x)$，因为 $F(x)+C$ 的导数也是 $f(x)$，C 是无穷无尽的常数，所以 $f(x)$ 积分的结果有无数个，是不确定的，一律用 $F(x)+C$ 代替，这就称为不定积分。

而相对于不定积分，就是定积分。

设 $F(x)$ 是函数 $f(x)$ 的一个原函数，把函数 $f(x)$ 的所有原函数 $F(x)+C$（C 为任意常数）叫作函数 $f(x)$ 的不定积分。

不定积分，其形式为

$$\int f(x)\,dx$$

定积分，其形式为

$$\int_b^a f(x)\,dx$$

之所以称其为定积分，是因为它积分后得出的值是确定的，是一个数，而不是一个函数。

定积分是工程中用得最多的积分运算，利用 MATLAB 提供的 int 命令可以很容易地求已知函数在已知区间的积分值。

int 命令求定积分与不定积分的调用格式见表 7-3。

表 7-3　int 命令的调用格式

命　　令	说　　明
int(f)	计算函数 f 的不定积分
int(f,x)	计算函数 f 关于变量 x 的不定积分
int(f,a,b)	计算函数 f 在区间[a,b]上的定积分
int(f,x,a,b)	计算函数 f 关于 x 在区间[a,b]上的定积分

利用 MATLAB 提供的 vpa 命令可以很容易地求变精度算法。该命令求定积分与不定积分的调用格式见表 7-4。

表 7-4　vpa 命令的调用格式

命　　令	说　　明
vpa(x)	使用可变精度浮点算法（vpa）将符号输入 x 的每个元素计算为至少 d 有效位数，其中 d 是 digits 函数的值。digits 的默认值为 32
vpa(x,d)	使用至少 d 有效数字，而不是 digits 的值

【例 7-8】 求 $\int_0^1 \mathrm{e}^{-2x}\sin x\mathrm{d}x$ 。

说明：对于本例中的被积函数，有很多软件都无法求解，用 MATLAB 则很容易求解。

解：MATLAB 程序如下。

```
>> clear
>>syms x;
>> v=int(exp(-2*x)*sin(x),0,1)
v =
1/5 - (exp(-2)*(cos(1) + 2*sin(1)))/5
>>vpa(v)
ans =
0.13982332125464083783535414817925
>>vpa(v,2)
ans =
0.14
```

int 函数还可以求广义积分，方法是只要将相应的积分限改为正（负）无穷即可。

【例 7-9】 求 $\int_0^{+\infty}\dfrac{1}{x}\mathrm{d}x$ 与 $\int_0^{+\infty}\dfrac{1}{1+x^2}\mathrm{d}x$ 。

解：MATLAB 程序如下。

```
>> clear
>>syms x
>> int(1/x,1,inf)
ans =
Inf
>>syms x
>> v= int(1/(1+x^2),1,inf)
v =
pi/4
>>vpa(v)
ans =
0.78539816339744830961566084581988
```

例 7-9 中的第一个积分结果是无穷大，说明这个广义积分是发散的，与我们熟悉的理论结果是一致的。

【例 7-10】 求 $\dfrac{1}{x^2+2x+3}$ 的不定积分。

解：MATLAB 程序如下。

```
>>syms x
>> f=1/(x^2+2*x+3);
>> v= int(f)
v =
(2^(1/2)*atan((2^(1/2)*(x + 1))/2))/2
```

【例 7-11】 求 $\sin(xy+z+1)$ 的不定积分。

解：MATLAB 程序如下。

```
>>syms x y z
>> f=sin(x*y+z+1);
>> int(f)
ans =
-cos(z + x*y + 1)/y
```

【例 7-12】 求 $\sin(xy+z+1)$ 对 z 的不定积分。

解： MATLAB 程序如下。

```
>> clear
>>syms x y z
>> int(sin(x*y+z+1),z)
ans =
-cos(x*y+z+1)
```

7.2.2 微分

根据自变量的个数，微分分为一元微分与多元微分，设函数 $y=f(x)$ 在 x. 的邻域内有定义，$x0$ 及 $x0+\Delta x$ 在此区间内。如果函数的增量 $\Delta y = f(x0+\Delta x)-f(x0)$ 可表示为 $\Delta y = A\Delta x + o(\Delta x)$（其中 A 是不依赖于 Δx 的常数），而 $o(\Delta x0)$ 是比 Δx 高阶的无穷小，那么称函数 $f(x)$ 在点 $x0$ 是可微的，且 $A\Delta x$ 称作函数在点 $x0$ 相应于自变量增量 Δx 的微分，记作 dy，即 $dy = A\Delta x$。

通常把自变量 x 的增量 Δx 称为自变量的微分，记作 dx，即 $dx = \Delta x$。于是函数 $y=f(x)$ 的微分又可记作 $dy=f'(x)dx$。$f'(x)$ 为函数的导数，实际上，函数的微分等于自变量的微分与该函数的导数之积。

【例 7-13】 计算 $y1=\sin(3x+2)$，$y2=\ln(e^{3x}+2)$，$y3=e^{3x}\cos x$ 的微分。

解： MATLAB 程序如下。

```
>> clear
>> syms x dx
>> y1=sin(3*x+2);
>> y2=log(exp(3*x)+2);
>> y3=exp(3*x)*cos(x);
>> dy1=[char(diff(y1,x)),'dx']
dy1 =
    '3*cos(3*x + 2)dx'
>> dy2=[char(diff(y2,x)),'dx']
dy2 =
    '(3*exp(3*x))/(exp(3*x) + 2)dx'
>> dy3=(diff(y3,x))*dx
dy3 =
    dx*(3*exp(3*x)*cos(x) - exp(3*x)*sin(x))
```

微分运算法则如下。

```
dy=f'(x)dx
d(u+v)=du+dv
```

d(u−v)= du−dv
d(uv)= du · v+dv · u
d(u/v)= (du · v−dv · u)/v^2

【例 7–14】 验证 $y = \sin x + x^2 - x$ 的微分的加减交换法则。

解：MATLAB 程序如下。

```
>> clear
>> syms x dx
>> y=sin(x)+x^2-x;
>> dy1=(diff(y,x)) * dx
dy1 =
      dx * (2 * x + cos(x) − 1)
>> dy2=[char(diff(sin(x),x)),'dx']
dy2 =
      'cos(x)dx'
>> dy3=[char(diff(x^2,x)),'dx']
dy3 =
      '2 * xdx'
>> dy4=[char(diff(x,x)),'dx']
dy4 =
      '1dx'
>>strcat(dy2,'+',dy3,'−',dy4)
ans =
      'cos(x)dx+2 * xdx-1dx'
```

【例 7–15】 验证 $y = \sin x \cos x$ 的微分的乘交换法则。

解：MATLAB 程序如下。

```
>> clear
>> syms x
>> y=sin(x) * cos(x);
>> dy1=[char(diff(y,x)),'dx']
dy1 =
      'cos(x)^2 − sin(x)^2dx'
>> dy2=[char(diff(sin(x),x)),'dx']
dy2 =
      'cos(x)dx'
>> dy3=[char(diff(cos(x),x)),'dx']
dy3 =
      '−sin(x)dx'
```

设 Δx 是曲线 $y=f(x)$ 上的点 M 的在横坐标上的增量，Δy 是曲线在点 M 对应 Δx 在纵坐标上的增量，dy 是曲线在点 M 的切线对应 Δx 在纵坐标上的增量。当 $|\Delta x|$ 很小时，$|\Delta y-dy|$ 比 $|\Delta y|$ 要小得多（高阶无穷小），因此在点 M 附近，可以用切线段来近似代替曲线段。

7.3 积分函数

在 MATLAB 中，包含由积分定义的一种特殊函数——三角积分函数，它在除去负实轴 $(-2,0)$ 的 z 平面上单值解析，可以表示成惠特克函数 $Wk.,n(z)$ 或不完全伽马函数 $L(v,z)$，在表 7-5 中显示函数的调用格式。

表 7-5 三角积分函数调用格式

命 令	说 明
coshint	双曲余弦积分函数
cosint	余弦积分函数
ei	一参数指数积分函数
expint	指数积分函数
eulergamma	欧拉-Mascheroni 常数
logint	对数积分函数
sinhint	双曲正弦积分函数
sinint	正弦积分函数
ssinint	位移正弦积分函数

正弦积分函数的定义为

$$\mathrm{Si}(x) = \int \frac{\sin t}{t}\mathrm{d}t, x > 0$$

余弦积分函数定义如下：

$$\mathrm{Ci}(x) = \gamma + \log(x) + \int_0^x \frac{\cos(t) - 1}{t}\mathrm{d}t$$

γ 是欧拉-Mascheroni 常数：

$$\gamma = \lim_{n\to\infty}\left(\left(\sum_{k=1}^n \frac{1}{k}\right) - \ln(n)\right)$$

【例 7-16】 计算转换为符号对象的数字的正弦积分函数、余弦积分函数。

解： MATLAB 程序如下。

```
>>A = cosint([-1,0,pi/2,pi,1])
A =
 1 至 3 列
   0.3374 + 3.1416i    -Inf + 0.0000i   0.4720 + 0.0000i
 4 至 5 列
   0.0737 + 0.0000i    0.3374 + 0.0000i
>>B = sinint([-1,0,pi/2,pi,1])
B =
   -0.9461         0    1.3708    1.8519    0.9461
```

【例 7-17】 求正弦积分函数、余弦积分函数的第一和第二导数。

解： MATLAB 程序如下。

```
>>syms x
>>diff(sinint(x),x)
ans =
sin(x)/x
>>diff(cosint(x),x,x)
ans =
-cos(x)/x^2-sin(x)/x
```

【例 7-18】 求正弦积分函数、余弦积分函数的区间图形。

解： MATLAB 程序如下。

```
>>syms x
>>subplot(121),fplot(cosint(x),[0,6*pi])
>>subplot(122),fplot(sinint(x),[-6*pi,6*pi])
>>grid on
```

在图形窗口中显示生成的图形，如图 7-1 所示。

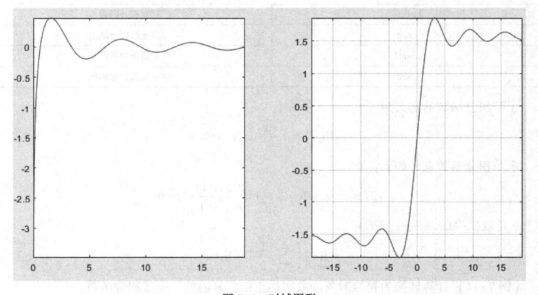

图 7-1　时域图形

7.4　积分变换

积分变换是一个非常重要的工程计算手段。它通过参变量积分将一个已知函数变为另一个函数，使函数的求解更为简单。最重要的积分变换有傅里叶（Fourier）变换、拉普拉斯（Laplace）变换等。本节将结合工程实例介绍如何用 MATLAB 解傅里叶变换和拉普拉斯变换问题。

7.4.1　傅里叶积分变换

傅里叶变换是将函数表示成一族具有不同幅值的正弦函数的和或者积分，在物理学、数论、信号处理、概率论等领域都有着广泛的应用。MATLAB 提供的傅里叶变换命令是 fourier。fourier 命令的调用格式见表 7-6。

表 7-6　fourier 命令的调用格式

命　　令	说　　明
fourier (f)	f 返回对默认自变量 x 的符号傅里叶变换，默认的返回形式是 f(w)，即 f=f(x)⇒F=F(w)；如果 f=f(w)，则返回 F=F(t)。即求 $F(w) = \int_{-\infty}^{\infty} f(x)e^{-iwx}dx$
fourier (f,v)	返回的傅里叶变换以 v 为默认变量，即求 $F(v) = \int_{-\infty}^{\infty} f(x)e^{-ivx}dx$
fourier (f,u,v)	以 v 代替 x 并对 u 积分，即求 $F(v) = \int_{-\infty}^{\infty} f(u)e^{-ivu}du$

【例 7-19】 计算 $f(x)=e^{x-x^2}$ 的傅里叶变换。

解：MATLAB 程序如下。

```
>> clear
>>syms x
>> f = exp(x-x^2);
>>fourier(f)
ans =
pi^(1/2) * exp(-(w + 1i)^2/4)
```

【例 7-20】 计算 $f(w)=\sin(w+1)$ 的傅里叶变换。

解：MATLAB 程序如下。

```
>> clear
>>syms w
>> f =sin(w+1);
>>fourier(f)
ans =
-pi * (dirac(v - 1) * exp(1i) - dirac(v + 1) * exp(-1i)) * 1i
```

【例 7-21】 计算 $f(x)=\cos(x)$ 的傅里叶变换。

解：MATLAB 程序如下。

```
>> clear
>>syms x u
>> f =cos(x);
>>fourier(f,u)
ans =
pi * (dirac(u - 1) + dirac(u + 1))
```

7.4.2　傅里叶逆变换

MATLAB 提供的傅里叶逆变换命令是 ifourier。

ifourier 命令的调用格式见表 7-7。

表 7-7 **ifourier** 命令的调用格式

调 用 格 式	说　明
ifourier（F）	f 返回对默认自变量 w 的符号傅里叶逆变换，默认的返回形式是 f(x)，即 F=F(w)⟹f=f(x)；如果 F=F(x)，则返回 f=f(t)，即求 $f(w) = \dfrac{1}{2\pi}\displaystyle\int_{-\infty}^{\infty} F(x)e^{iwx}dw$
ifourier（F,u）	返回的傅里叶逆变换以 u 为默认变量，即求 $F(v) = \displaystyle\int_{-\infty}^{\infty} f(x)e^{-ivx}dx$
ifourier（F,v,u）	以 v 代替 w 的傅里叶逆变换，即求 $f(v) = \dfrac{1}{2\pi}\displaystyle\int_{-\infty}^{\infty} F(v)e^{ivu}dv$

【例 7-22】 计算 $f(w) = e^{-\frac{w^2}{4a^2}}$ 的傅里叶逆变换。

解： MATLAB 程序如下。

```
>> clear
>>syms a w real
>> f=exp(-w^2/(4*a^2));
>> F =ifourier(f)
F =
exp(-a^2*x^2)/(2*pi^(1/2)*(1/(4*a^2))^(1/2))
```

【例 7-23】 计算 $g(w) = e^{x+1}$ 的傅里叶逆变换。

解： MATLAB 程序如下。

```
>> clear
>>syms x real
>> g= exp(x+1);
>>ifourier(g)
ans =
(exp(1)*fourier(exp(x), x, -t))/(2*pi)
```

【例 7-24】 计算 $f(w) = 2e^{-|w|} + \sin(w) - 1$ 的傅里叶逆变换。

解： MATLAB 程序如下。

```
>> clear
>>syms w t real
>> f = 2*exp(-abs(w))+sin(w) - 1;
>>ifourier(f,t)
ans =
(4/(t^2 + 1) - 2*pi*dirac(t) + pi*(dirac(t - 1) - dirac(t + 1))*1i)/(2*pi)
```

【例 7-25】 计算 $f(w,v) = e^{-w^2|v|}\dfrac{\sin v}{v}$ 的傅里叶逆变换，w 是实数。

解： MATLAB 程序如下。

```
>> clear
>>syms w v t real
>> f = exp(-w^2*abs(v))*sin(v)/v;
>>ifourier(f,v,t)
```

```
ans =
piecewise( w ~ = 0, -( atan( ( t - 1 )/w^2 ) - atan( ( t + 1 )/w^2 ) )/( 2 * pi ) )
```

7.4.3　快速傅里叶变换

快速傅里叶变换（FFT）是离散傅里叶变换的快速算法，它是根据离散傅里叶变换的奇、偶、虚、实等特性，对离散傅里叶变换的算法进行改进获得的。

MATLAB 提供了多种快速傅里叶变换的命令，见表 7-8。

表 7-8　快速傅里叶变换的命令

命　令	意　义	命令调用格式
fft	一维快速傅里叶变换	Y=fft(X)，计算对向量 X 的快速傅里叶变换。如果 X 是矩阵，fft 返回对每一列的快速傅里叶变换
		Y=fft(X,n)，计算向量的 n 点 FFT。当 X 的长度小于 n 时，系统将在 X 的尾部补零，以构成 n 点数据；当 x 的长度大于 n 时，系统进行截尾
		Y=fft(X,[ ],dim)或 Y=fft(X,n,dim)，计算对指定的第 dim 维的快速傅里叶变换
fft2	二维快速傅里叶变换	Y=fft2(X)，计算对 X 的二维快速傅里叶变换。结果 Y 与 X 的维数相同
		Y=fft2(X,m,n)，计算结果为 m×n 阶，系统将视情对 X 进行截尾或者以 0 来补齐
fftshift	将快速傅里叶变换（fft、fft2）的 DC 分量移到谱中央	Y=fftshift(X)，将 DC 分量转移至谱中心
		Y=fftshift(X,dim)，将 DC 分量转移至 dim 维谱中心，若 dim 为 1 则上下转移，若 dim 为 2 则左右转移
ifft	一维逆快速傅里叶变换	y=ifft(X)，计算 X 的逆快速傅里叶变换
		y=ifft(X,n)，计算向量 X 的 n 点逆 FFT
ifft	一维逆快速傅里叶变换	y=ifft(X,[ ],dim)，计算对 dim 维的逆 FFT
		y=ifft(X,n,dim)，计算对 dim 维的逆 FFT
ifft2	二维逆快速傅里叶变换	y=ifft2(X)，计算 X 的二维逆快速傅里叶变换
		y=ifft2(X,m,n)，计算向量 X 的 m×n 维逆快速 Fourier 变换
ifftn	多维逆快速傅里叶变换	y=ifftn(X)，计算 X 的 n 维逆快速傅里叶变换
		y=ifftn(X,size)，系统将视情对 X 进行截尾或者以 0 来补齐
ifftshift	逆 fft 平移	Y=ifftshift(X)，同时转移行与列
		Y=ifftshift(X,dim)，若 dim 为 1 则行转移，若 dim 为 2 则列转移

【例 7-26】 计算正弦信号数据的傅里叶变换。

解： MATLAB 程序如下。

```
>> clear
>>t = 0:1/50:10-1/50;
>>x = sin( 2 * pi * 15 * t ) + sin( 2 * pi * 20 * t );
>>plot( t,x )          %显示如图 7-2 所示的正弦图形
>>y = fft( x );
```

```
>>f = (0:length(y)-1) * 50/length(y);
>>plot(f,abs(y))        % 绘制信号幅值
>>title('Magnitude')
```

计算结果如图 7-3 所示。

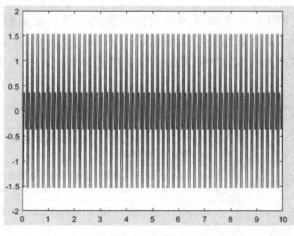

图 7-2 正弦图形

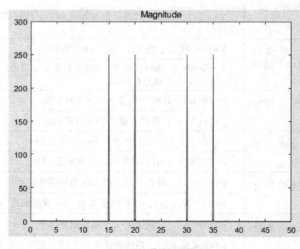

图 7-3 信号幅值图

【例 7-27】求解共轭对称数组。

解： MATLAB 程序如下。

```
>> clear
>>Y(:,:,1) = [1e-15 * i 0; 1 0];
>>Y(:,:,2) = [0 1; 0 1];
>>X = ifftn(Y,'symmetric')          %计算接近共轭对称数组的三维逆傅里叶变换
X(:,:,1) =
    0.3750   -0.1250
   -0.1250   -0.1250
```

```
X(:,:,2) =
   -0.1250    0.3750
   -0.1250   -0.1250
```

【例 7-28】 求解逆平移矩阵行。

解：MATLAB 程序如下。

```
>> clear
>>Y = [-2 -1 0 1 2;
     -10 -5 0 5 10];
>>X = ifftshift(Y,2)      %重新排列矩阵行,将非负元素平移到左侧
X =
   0    1    2   -2   -1
   0    5   10  -10   -5
```

7.4.4 拉普拉斯变换

MATLAB 提供的拉普拉斯变换命令是 laplace。

laplace 命令的调用格式见表 7-9。

表 7-9 **laplace 命令的调用格式**

调 用 格 式	说　　明
laplace (F)	计算默认自变量 t 的符号拉普拉斯变换，默认的返回形式是 L(s)，即 F=F(t)⇒L=L(s)；如果 F=F(s)，则返回 L=L(t)，即求 $L(s) = \int_0^\infty F(t)e^{-st}dt$
laplace (F,t)	计算结果以 t 为默认变量，即求 $L(t) = \int_0^\infty F(x)e^{-tx}dx$
laplace (F,w,z)	以 z 代替 s 并对 w 积分，即求 $L(z) = \int_0^\infty F(w)e^{-zw}dw$

【例 7-29】 计算 $f(t) = t^4$ 的拉普拉斯变换。

解：MATLAB 程序如下。

```
>> clear
>> syms t
>> f=t^4;
>>laplace(f)
ans =
24/s^5
```

【例 7-30】 计算 $g(s) = \dfrac{1}{\sqrt{s+1}}$ 的拉普拉斯变换。

解：MATLAB 程序如下。

```
>> clear
>> syms s
```

```
>> g=1/sqrt(s+1);
>> laplace(g)
ans =
  (pi^(1/2) * erfc(z^(1/2)) * exp(z))/z^(1/2)
```

【例 7-31】 计算 $f(t)=e^{-at}$ 的拉普拉斯变换。

解：MATLAB 程序如下。

```
>> clear
>>syms t a x
>> f=exp(-a*t);
>>laplace(f,x)
ans =
1/(a + x)
```

【例 7-32】 计算符号函数 $f1=e^x, f2=x$ 的拉普拉斯变换。

解：MATLAB 程序如下。

```
>> clear
>>syms f1(x) f2(x) a b
>>f1(x) = exp(x);
>>f2(x) = x;
>>laplace([f1 f2],x,[a b])
ans =
  [ 1/(a - 1), 1/b^2]
```

7.4.5 拉普拉斯逆变换

MATLAB 提供的拉普拉斯逆变换命令是 ilaplace。

ilaplace 命令的调用格式见表 7-10。

表 7-10 ilaplace 命令的调用格式

调用格式	说　　明
ilaplace (L)	计算对默认自变量 s 的符号拉普拉斯逆变换，默认的返回形式是 F(t)，即 L=L(s)⇒F=F(t)；如果 L=L(t)，则返回 F=F(x)，即求 $f(w) = \int_{c-iw}^{c+iw} L(s) e^{st} ds$
ilaplace (L,y)	计算结果以 y 为默认变量，即求 $F(y) = \int_{c-iw}^{c+iw} L(y) e^{sy} ds$
ilaplace (L,y,x)	以 x 代替 t 的拉普拉斯逆变换，即求 $F(x) = \int_{c-iw}^{c+iw} L(y) e^{xy} dy$

【例 7-33】 计算 $f(t)=\dfrac{1}{\sqrt{s}}$ 的拉普拉斯逆变换。

解：MATLAB 程序如下。

```
>> clear
```

```
>>syms s
>> f=1/sqrt(s);
>>ilaplace(f)
ans =
1/(t^(1/2) * pi^(1/2))
```

【例 7-34】 计算 $g(a)=\dfrac{1}{(t-a)^2}$ 的拉普拉斯逆变换。

解：MATLAB 程序如下。

```
>> clear
>>syms a t
>> g=1/(t-a)^2;
>>ilaplace(g)
ans =
x * exp(a * x)
```

【例 7-35】 计算狄拉克和云霄函数的拉普拉斯逆变换。

解：MATLAB 程序如下。

```
>> clear
>>syms s t
>>ilaplace(1,s,t)
ans =
dirac(t)
>>F = exp(-2 * s)/(s^2+1);
>>ilaplace(F,s,t)
ans =
heaviside(t - 2) * sin(t - 2)
```

7.5 多重积分

多重积分与一重积分在本质上是相通的，但是多重积分的积分区域较复杂。可以利用前面讲过的 int 命令，结合对积分区域的分析进行多重积分计算，也可以利用 MATLAB 自带的专门多重积分命令进行计算。

7.5.1 二重积分

MATLAB 用来进行二重积分数值计算的专门命令是 integral2，不建议使用 dblquad。这是一个在矩形范围内计算二重积分的命令。

integral2 命令的调用格式见表 7-11。

表 7-11　integral2 命令的调用格式

调用格式	说明
q=integral2 (fun,xmin, xmax,ymin,ymax)	在 xmin<=x<=xmax，ymin<=y<=ymax 的矩形内计算 fun(x,y) 的二重积分，此时默认的求解积分的数值方法为 quad，默认的公差为 10^{-6}

调用格式	说　　明
q＝integral2 （fun，xmin，xmax，ymin，ymax ，Name，Value）	在 xmin＜＝x＜＝xmax，ymin＜＝y＜＝ymax 的矩形内计算 fun（x，y）的二重积分

【例 7-36】 极坐标下计算 $f(\theta,r)=\dfrac{r}{\sqrt{r\cos\theta+r\sin\theta}\,(1+r\cos\theta+r\sin\theta)^2}$ 的二重积分。

解： MATLAB 程序如下。

```
>>fun = @(x,y) 1./(sqrt(x + y).*(1 + x + y).^2);          % 定义函数
>>polarfun = @(theta,r) fun(r.*cos(theta),r.*sin(theta)).*r;   % 转换极坐标
>>rmax = @(theta) 1./(sin(theta) + cos(theta));          % 定义变量范围
>>q = integral2(polarfun,0,pi/2,0,rmax)                 %求二重积分
q =
    0.2854
```

【例 7-37】 计算 $\displaystyle\int_0^\pi \int_\pi^{2\pi} (y\sin x + x\cos y)\,\mathrm{d}x\mathrm{d}y$ 。

解： MATLAB 程序如下。

```
>>fun = @(x,y)(y.*sin(x)+x.*cos(y));    % 定义函数
>>integral2(fun,pi,2*pi,0,pi)
ans =
    -9.8696
```

7.5.2　三重积分

计算三重积分的过程和计算二重积分是一样的，但是由于三重积分的积分区域更加复杂，所以计算三重积分的过程将更加烦琐。

MATLAB 用来进行三重积分数值计算的专门命令是 integral3，integral3 命令的调用格式见表 7-12。

表 7-12　integral3 命令的调用格式

调用格式	说　　明
q＝integral3（fun，xmin，xmax， ymin，ymax，zmin，zmax）	在 xmin≤x≤xmax，ymin≤y≤ymax，zmin≤z≤zmax 的矩形内计算 fun（x，y）的三重积分，此时默认的求解积分的数值方法为 quad，默认的公差为 10^{-6}
q＝integral3 （fun，xmin，xmax，ymin，ymax， zmin，zmax ，Name，Value）	在 xmin≤x≤xmax，ymin≤y≤ymax，zmin≤z≤zmax 的矩形内计算fun（x，y）的三重积分

【例 7-38】 计算 $f(x,y,z)=x\cos y+x^2\cos z$ 。

解： MATLAB 程序如下。

```
>> clear
>>fun = @(x,y,z) x.*cos(y) + x.^2.*cos(z)   % 定义函数
```

```
fun =
    包含以下值的 function_handle：
    @(x,y,z)x. * cos(y)+x.^2. * cos(z)
>>xmin = -1; % 定义积分的范围。
>>xmax = 1;
>>ymin = @(x)-sqrt(1 - x.^2);
>>ymax = @(x) sqrt(1 - x.^2);
>>zmin = @(x,y)-sqrt(1 - x.^2 - y.^2);
>> zmax = @(x,y)sqrt(1 - x.^2 - y.^2);
>> q = integral3(fun,xmin,xmax,ymin,ymax,zmin,zmax,'Method','tiled') % 使用 'tiled' 方法计算定积分。
q =
    0.7796
```

【例 7-39】 使用 int 命令计算 $\int_0^\pi \int_\pi^{2\pi} (y\sin x + x\cos y)\mathrm{d}x\mathrm{d}y$ 。

如果使用 int 命令进行二重积分计算，则需要先确定出积分区域以及积分的上下限，然后再进行积分计算。

解： MATLAB 程序如下。

```
>>syms x y;
>> f= y * sin(x)+x * cos(y);
>> v= int(f,x,pi,2 * pi)        %对 x 求定积分
v =
(3 * pi^2 * cos(y))/2 - 2 * y
>> v= int(v,y,0,pi)            %对 y 求定积分
v =
-pi^2
>>vpa(v)
ans =
-9.8696044010893586188344909998762
>> digits(6)
>>vpa(v)
ans =
-9.8696
```

【例 7-40】 计算 $\iint\limits_D x\mathrm{d}x\mathrm{d}y$ ，其中 D 是由直线 $y = 2x$ ， $y = 0.5x$ ， $y = 3-x$ 所围成的平面区域。

解： MATLAB 程序如下。

```
>> clear
>>syms x y
>> f=x;
>> f1 = 2 * x;
>> f2 = 0.5 * x;
>> f3 = 3-x;
>>ezplot(f1);
>> hold on
```

```
>>ezplot(f2);
>> hold on
>>ezplot(f3);
>> hold on
>>ezplot(f3,[-2,3]);
```

积分区域就是图 7-4 中所围成的区域。

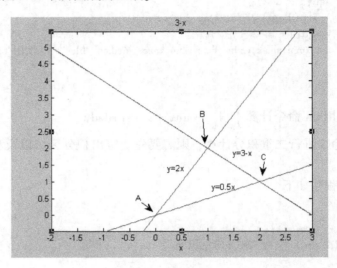

图 7-4 积分区域

下面确定积分限：

```
>> A=fzero('2*x-0.5*x',0)
A =
          0
>>B=fzero('3-x-0.5*x',8)
B =
      2
>>C=fzero('2*x-(3-x)',4)
C =
          1
```

即 A=0，B=2，C=1，找到积分限后，即可进行积分计算。
根据图 7-4 可以将积分区域分成两个部分，计算过程如下。

```
>> ff1=int(f,0.5*x,2*x)
ff1 =
15/8*x^2
>> ff11=int(ff1,0,1)
ff11 =
5/8
>> ff2=int(f,0.5*x,3-x)
ff2 =
```

```
1/2 * (3−x)^2−1/8 * x^2
>> ff22 = int(ff2,1,2)
ff22 =
7/8
>> ff11+ff22
ans =
3/2
```

计算结果就是 3/2。

7.6 PDE 模型方法

在利用 MATLAB 求解偏微分方程时，利用 PDE 模型函数，PDE 模型对象包含有关 PDE 问题的信息：方程数量、几何形状、网格和边界条件。

系统自带的 PDE 模型对象文件保存在 "D：\Program Files\MATLAB\R2018a\toolbox\pde" 下。

PDE 模型对象函数见表 7−13 所示。

表 7−13   PDE 模型对象函数

函 数 名 称	函 数 说 明
applyBoundaryCondition	将边界条件添加到 PDE 模型容器中
generateMesh	生成三角形或四面体网格
geometryFromEdges	创建二维几何图形
geometryFromMesh	从网格创建几何图形
importGeometry	从 STL 数据导入几何图形
setInitialConditions	给出初始条件或初始解
specifyCoefficients	指定 PDE 模型中的特定系数
solvepde	在数据模型中指定的数据
solvepdeeig	求解 PDE 模型中指定的 PDE 特征值问题

通过 createpde 命令来创建模型，createpde 命令的调用格式见表 7−14，structural 分析类型属性见表 7−15。

表 7−14   createpde 命令的调用格式

调 用 格 式	含　义
model = createpde(N)	返回一个由 N 个方程组成的系统的 PDE 模型对象
thermalmodel = createpde ('thermal',ThermalAnalysisType)	返回指定分析类型的热分析模型
structuralmodel = createpde ('structural',StructuralAnalysisType)	返回指定分析类型的结构分析模型

表 7-15   structural 分析类型属性

	属 性 名	说 明
static analysis 静态分析	static-solid	创建一个结构模型，用于实体（3-D）问题的静态分析
	static-planestress	创建用于平面应力问题静态分析的结构模型
	static-planestrain	创建用于平面应变问题静态分析的结构模型
transient analysis 瞬态分析	transient-solid	创建用于固体（3-D）问题瞬态分析的结构模型
	transient-planestress	创建用于平面应力问题瞬态分析的结构模型
	transient-planestrain	为平面应变问题的瞬态分析创建结构模型
modal-solid 模态分析	modal-solid	创建用于实体（3-D）问题模态分析的结构模型
	modal-planestress	创建用于平面应力问题模态分析的结构模型
	modal-planestrain	创建用于平面应变问题模态分析的结构模型

【例7-41】为3个方程组创建一个 PDE 模型。

解：MATLAB 程序如下。

```
>>model = createpde(3)
model =
  PDEModel - 属性:
             PDESystemSize: 3
           IsTimeDependent: 0
                  Geometry: []
       EquationCoefficients: []
        BoundaryConditions: []
          InitialConditions: []
                      Mesh: []
             SolverOptions: [1×1 PDESolverOptions]
```

【例7-42】创建用于求解平面应变（2-D）问题的模态分析结构模型。

解：MATLAB 程序如下。

```
>>modalStructural = createpde('structural','modal-planestrain')
modalStructural =
StructuralModel - 属性:
AnalysisType: 'modal-planestrain'
        Geometry: []
MaterialProperties: []
BoundaryConditions: []
            Mesh: []
```

7.7   操作实例——比较时域和频域中的余弦波

傅里叶变换经常被用来计算时域信号的频谱，本节以余弦波为例，讲解时域信号和频域的频谱图。

1）指定信号的参数，采样频率为1 kHz，信号持续时间为1 s。

```
>> clear
>> Fs = 1000;                    %采样频率
>> T = 1/Fs;                     %采样时间
>> L = 1000;                     %信号长度
>> t = (0:L-1) * T;              %时间向量
```

2）创建一个矩阵，其中每一行代表一个频率经过缩放的余弦波。结果 X 为 3×1000 矩阵。第一行的波频为 50，第二行的波频为 150，第三行的波频为 300。

```
>> x1 = cos(2 * pi * 50 * t);
>> x2 = cos(2 * pi * 150 * t);
>> x3 = cos(2 * pi * 300 * t);
>> X = [x1; x2; x3];
   for i = 1:3   % 在单个图窗中按顺序绘制 X 的每行的前 100 个条目,并比较其频率
      subplot(3,1,i)
      plot(t(1:100),X(i,1:100))
      title(['Row ',num2str(i),' in the Time Domain'])
   end
```

时域图形如图 7-5 所示。

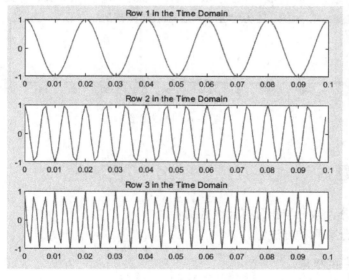

图 7-5　时域图形

3）出于算法性能的考虑，fft 允许使用尾随零填充输入。在这种情况下，用零填充 X 的每一行，以使每行的长度为比当前长度大的下一个最小的 2 的次幂值。

```
>> n = 2^nextpow2(L);     %使用 nextpow2 函数定义新长度
>> dim = 2;               % 指定 dim 参数沿 X 的行(即对每个信号)使用 fft
>> Y = fft(X,n,dim);      % 计算信号的傅里叶变换
>> P2 = abs(Y/L);         % 计算每个信号的双侧频谱和单侧频谱
>> P1 = P2(:,1:n/2+1);
>> P1(:,2:end-1) = 2 * P1(:,2:end-1);
```

```
%在频域内,为单个图窗中的每一行绘制单侧幅值频谱
for i=1:3
    subplot(3,1,i)
    plot(0:(Fs/n):(Fs/2-Fs/n),P1(i,1:n/2))
    title(['Row ',num2str(i),' in the Frequency Domain'])
end
```

频域图形如图 7-6 所示。

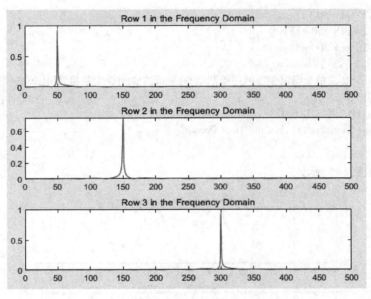

图 7-6　频域图形

7.8　课后习题

1. 什么是微分,微分与积分有什么区别?

2. 求二重积分有几种方法?

3. 计算 $\lim\limits_{x\to 0}\dfrac{\sin x}{x}$ 的极限。

4. 计算 $\lim\limits_{n\to\infty}\left(1+\dfrac{1}{n}\right)^n$ 的极限。

5. 计算下面表达式中的极限。

1) $\lim\limits_{x\to 0+}\dfrac{\ln(1+x)}{x(1+x)}$。

2) $\lim\limits_{x\to 1}\dfrac{\sqrt{3x+1}-2}{x-1}$。

3) $\lim\limits_{n\to\infty}\sqrt{n}\left(\sqrt{n+2}-\sqrt{n-1}\right)$。

4) $\lim\limits_{(x,y)\to(0,0)}\dfrac{\mathrm{e}^x+\mathrm{e}^y}{x^2-y^2}$。

6. 计算 $y=2^x+\sqrt{x}\ln x$ 的导数。

7. 求 $\displaystyle\int_0^1\int_0^1(\sin x+\mathrm{e}^{y+x})\mathrm{d}x\mathrm{d}y$ 的二重积分。

8. 计算 $g(w)=\mathrm{e}^{-|x|}$ 的傅里叶逆变换。

9. 计算 $f(u)=\dfrac{1}{u^2-a^2}$ 的拉普拉斯逆变换。

第8章 三维动画

三维动画又称 3D 动画，是近年来随着计算机软硬件技术的发展而产生的新兴技术。在 MATLAB 中，三维动画制作是图形与图片紧密结合的操作，一方面有基础的帧画面的制作要求；另一方面，还要在画面色调、明暗、视角设计组接、节奏把握等方面进行艺术的再创造。与二维、三维绘图设计相比，三维动画多了时间和空间的概念，本章将详细介绍动画的制作方法及使用到的相关命令。

8.1 特殊图形

为了满足用户的各种需求，MATLAB 还提供了绘制条形图、面积图、饼图、阶梯图、火柴图等特殊图形的命令。本节将介绍这些命令的具体用法。

8.1.1 统计图形

MATLAB 提供了很多在统计中经常用到的图形绘制命令，本小节主要介绍几个常用命令。

1. 条形图

绘制条形图时分为二维和三维两种情况，其中绘制二维条形图的命令为 bar（竖直条形图）与 barh（水平条形图）；绘制三维条形图的命令为 bar3（竖直条形图）与 bar3h（水平条形图）。它们的调用格式都是一样的，因此只介绍 bar 命令的调用格式，见表 8-1。

表 8-1　bar 命令的调用格式

调用格式	说　　明
bar(Y)	若 Y 为向量，则分别显示每个分量的高度，横坐标为 1 到 length(Y)；若 Y 为矩阵，则 bar 把 Y 分解成行向量，再分别画出，横坐标为 1 到 size(Y,1)，即矩阵的行数
bar(X,Y)	在指定的横坐标 x 上画出 Y，其中 X 为严格单增的向量。若 Y 为矩阵，则 bar 把矩阵分解成几个行向量，在指定的横坐标处分别画出
bar(⋯,width)	设置条形的相对宽度和控制在一组内条形的间距，默认值为 0.8，所以，如果用户没有指定 x，则同一组内的条形有很小的间距，若设置 width 为 1，则同一组内的条形相互接触
bar(Y,'style')	指定条形的排列类型，类型有 "group" 和 "stack"，其中 "group" 为默认的显示模式，它们的含义如下： group：若 Y 为 n×m 矩阵，则 bar 显示 n 组，每组有 m 个垂直条形图； stack：对矩阵 Y 的每一个行向量显示在一个条形中，条形的高度为该行向量中的分量和，其中同一条形中的每个分量用不同的颜色显示出来，从而可以显示每个分量在向量中的分布
bar(⋯,LineSpec)	用指定的颜色 LineSpec 显示所有的条形
[xb,yb] = bar(⋯)	返回用户可用命令 plot 或命令 patch 画出条形图的参量 xb、yb
h = bar(⋯)	返回一个 patch 图形对象句柄的向量，每一条形对应一个句柄

【例8-1】 已知某批电线的寿命服从正态分布 $N(\mu, \sigma^2)$，今从中抽取4组进行寿命试验，测得数据如下（单位：h）：2501，2253，2467，2650，绘制4种不同的条形图。

解： MATLAB程序如下。

```
>> clear
>> Y=[2501,2253,2467,2650];
>> subplot(2,2,1)
>> bar(Y)
>> title('图1')
>> subplot(2,2,2)
>> bar3(Y),title('图2')
>> subplot(2,2,3)
>> bar(Y,2.5)
>> title('图3')
>> subplot(2,2,4)
>> bar(Y,'stack'),title('图4')
```

运行结果如图8-1所示。

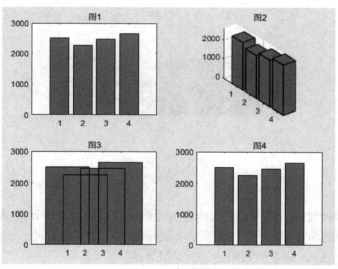

图8-1　条形图

2. 面积图

面积图在实际中可以表现不同部分对整体的影响。在MATLAB中，绘制面积图的命令是area，它的调用格式见表8-2。

表8-2　area命令的调用格式

调用格式	说　　明
area(X)	与plot(X)命令一样，但是将所得曲线下方的区域填充颜色
area(X,Y)	其中Y为向量，与plot(X,Y)一样，但将所得曲线下方的区域填充颜色
area(X,A)	矩阵A的第一行对向量X绘图，然后依次是下一行与前面所有行值的和对向量X绘图，每个区域有各自的颜色
area(…,leval)	将填色部分改为由连线图到y=leval的水平线之间的部分

【例 8-2】 表 8-3 显示不同微生物在低温、常温、高温下的存活时间（时间为分钟），绘制使用颜色图显示的区域图。

表 8-3 给定数据

低　温	常　温	高　温
128.8	334.7	385.5
246.4	142	369.7
270.6	156.3	406

解：MATLAB 程序如下。

```
>> Y=[128.8 334.7 385.5;246.4 142 369.7;270.6 156.3 406];
>> area(Y,'FaceColor','flat')
```

运行结果见图 8-2。

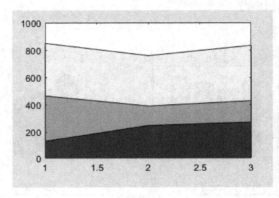

图 8-2 条形图

3. 饼图

饼图用来显示向量或矩阵中各元素所占的比例，它可以用在统计数据可视化中。在二维情况下，创建饼图的命令是 pie，三维情况下创建饼图的命令是 pie3，二者的调用格式也非常相似，因此只介绍 pie 命令的调用格式，见表 8-4。

表 8-4 pie 命令的调用格式

调用格式	说　　明
pie(X)	用 X 中的数据画一饼形图，X 中的每一元素代表饼形图中的一部分，X 中元素 X(i) 所代表的扇形大小通过 X(i)/sum(X) 的大小来决定。若 sum(X)=1，则 X 中元素就直接指定了所在部分的大小；若 sum(X)<1，则画出一不完整的饼形图
pie(X,explode)	从饼形图中分离出一部分，explode 为一与 X 同维的矩阵，当所有元素为零时，饼图的各个部分将连在一起组成一个圆，而其中存在非零元素时，X 中相对应的元素在饼图中对应的扇形将向外移出一些来加以突出
pie(X,explode,labels)	偏移扇区并指定文本标签
h = pie(…)	返回一 patch 与 text 的图形对象句柄向量 h

【例 8-3】 抽取矩阵的第一列

$$Y = \begin{pmatrix} 45 & 6 & 8 \\ 7 & 4 & 7 \\ 6 & 25 & 4 \\ 7 & 5 & 8 \\ 9 & 9 & 4 \\ 2 & 6 & 8 \end{pmatrix}$$

绘制完整的饼形图、分离的饼形图。

解： MATLAB 程序如下。

```
>> Y=[45 6 8;7 4 7;6 25 4;7 5 8;9 9 4;2 6 8];
>>Y=Y(:,1)'
Y =
    45    7    6    7    9    2
>>subplot(1,2,1)
>>pie(Y)
>> subplot(1,2,2)
>>pie(Y,[1 1 1 1 1 1])
```

运行结果见图 8-3。

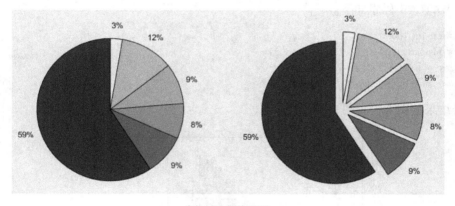

图 8-3　饼形图

4. 柱状图

柱状图是数据分析中用得较多的一种图形，例如，在一些预测彩票结果的网站，把各期中奖数字记录下来，然后做成柱状图，这可以让彩民清楚地了解到各个数字在中奖号码中出现的概率。在 MATLAB 中，绘制柱状图的命令有两个。

● histogram 命令：用来绘制直角坐标系下的柱状图。

● polarhistogram 命令：用来绘制极坐标系下的柱状图。

1）histogram 命令的调用格式见表 8-5。

表 8-5　**histogram 命令的调用格式**

调用格式	说　明
n =histogram（Y）	把向量 Y 中的数据分放到等距的 10 个柱状图中，且返回每一个柱状图中的元素个数。若 Y 为矩阵，则该命令按列对 Y 进行处理

调 用 格 式	说　明
n = histogram（Y,X）	参量 X 为向量，把 Y 中元素放到 m[m=length(x)]个由 X 中元素指定的位置为中心的柱状图中
n = histogram（Y,n）	参量 n 为标量，用于指定柱状图的数目
[n,xout] = histogram（…）	返回向量 n 与包含频率计数与柱状图的位置向量 xout，用户可以用命令 bar(xout,n)画出条形直方图
histogram('BinEdges',edges,'BinCounts',counts)	手动指定 bin 边界（直方图将数据分组为 bin）和关联的 bin 计数。histogram 绘制指定的 bin 计数，而不执行任何数据的 bin 划分
histogram（C,Categories）	仅绘制 Categories 指定的类别的子集
histogram('Categories',Categories,'BinCounts',counts)	手动指定类别和关联的 bin 计数。histogram 绘制指定的 bin 计数，而不执行任何数据的 bin 划分
histogram（…,Name,Value）	使用前面的任何语法指定具有一个或多个 Name,Value 对组参数的其他选项
histogram（ax,…）	将图形绘制到 ax 指定的坐标区中，而不是当前坐标区（gca）中
histogram（…）	直接绘出柱状图

【例 8-4】 生成 10 000 个随机数，然后创建直方图并指定边界。

解： MATLAB 程序如下。

```
>>x = randn(10000,1);
>>h = histogram(x);
>>edges = [-10 -2:0.25:2 10];
>>h = histogram(x,edges);      %指定边界
```

运行结果如图 8-4、图 8-5 所示。

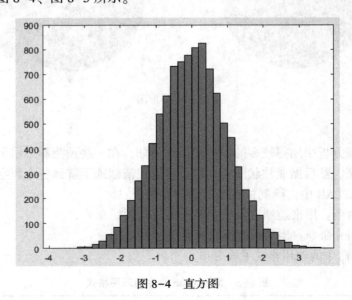

图 8-4　直方图

2）polarhistogram 命令的调用格式具体见表 8-6。

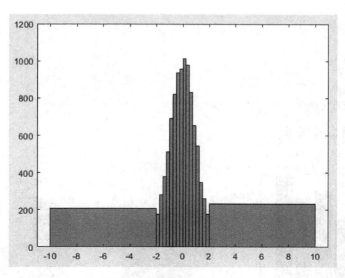

图 8-5　指定边界的直方图

表 8-6　polarhistogram 命令的调用格式

调用格式	说　明
polarhistogram（theta）	显示参数 theta 的数据在 20 个区间或更少的区间内的分布，向量 theta 中的角度单位为 rad，用于确定每一区间与原点的角度，每一区间的长度反映出输入变量的元素落入该区间的个数
polarhistogram（theta,X）	用参量 X 指定每一区间内的元素与区间的位置，length（X）等于每一区间内元素的个数与每一区间位置角度的中间角度
polarhistogram（theta,n）	在区间[0,2π]内画出 n 个等距的小扇形，默认值为 20
[tout,rout]=polarhistogram（…）	返回向量 tout 与 rout，可以用 polar（tout,rout）画出图形，但此命令不画任何的图形

【例 8-5】　各个季度所占营利总额的比例统计图。

某企业四个季度的营利额分别为 528 万元、701 万元、658 万元和 780 万元，试用条形图、饼图绘出各个季度所占营利总额的比例。

解：MATLAB 程序如下。

```
>>Y=[528 701 658 780];
>> subplot(2,3,1)
>> bar(Y)
>> title('二维条形图')
>> subplot(2,3,2)
>> bar3(Y),title('三维条形图')
>> subplot(2,3,3)
>> pie(X)
>> title('二维饼图')
>> subplot(2,3,4)
>> explode=[0 0 0 1];
>> pie3(X,explode)
>> title('三维分离饼图')
```

```
>> subplot(2,3,5)
>>histogram(Y)
>> title('直方图')
>> subplot(2,3,6)
>>polarhistogram(Y)
>> title('极坐标直方图')
```

运行结果如图 8-6 所示。

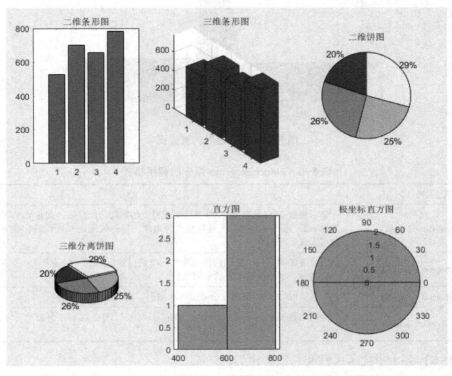

图 8-6　图形分析

8.1.2　离散数据图形

除了上面提到的统计图形外，MATLAB 还提供了一些在工程计算中常用的离散数据图形，如误差棒图、火柴杆图与阶梯图等。下面来看一下它们的用法。

1. 误差棒图

MATLAB 中绘制误差棒图的命令为 errorbar，它的调用格式见表 8-7。

表 8-7　errorbar 命令的调用格式

调用格式	说　　明
errorbar(Y,E)	画出向量 Y，同时显示在向量 Y 的每一元素之上的误差棒，其中误差棒为 E(i) 在曲线 Y 上面与下面的距离线段，故误差棒的长度为 2E(i)
errorbar(X,Y,E)	X、Y、E 必须为同型参量。若同为向量，则画出曲线上点 (X(i),Y(i)) 处长度为 2E(i) 的误差棒图；若同为矩阵，则画出曲面上点 (X(i,j),Y(i,j)) 处长度为 E(i,j) 的误差棒图

调 用 格 式	说　　　明
errorbar(X,Y,L,U)	X、Y、L、U 必须为同型参量。若同为向量，则在点(X(i),Y(i))处画出向下长为 L(i)、向上长为 U(i)的误差棒图；若同为矩阵，则在点(X(i,j),Y(i,j))处画出向下长为 L(i,j)、向上长为 U(i,j)的误差棒图
errorbar(…,LineSpec)	画出用 LineSpec 指定线型、标记符、颜色等的误差棒图
h = errorbar(…)	返回误差棒图对象的句柄向量给 h

【例 8-6】 抽取矩阵的第一、二、三列

$$Y = \begin{pmatrix} 5 & 3 & 8 \\ 7 & 4 & 7 \\ 16 & 5 & 4 \\ 17 & 6 & 8 \\ 19 & 9 & 4 \\ 20 & 16 & 8 \end{pmatrix}$$

绘制垂直误差条。

解： MATLAB 程序如下。

```
>> Y = [5 3 8;7 4 7;16 5 4;17 6 8;19 9 4;20 16 8];
>>Y1 = Y(:,1)'
Y =
    5    7    16    17    19    20
>> Y2 = Y(:,2)'
Y2 =
    3    4    5    6    9    16
>>  Y3 = Y(:,3)'
Y3 =
    8    7    4    8    4    8
>>errorbar(Y1,Y2,Y3)
```

运行结果如图 8-7 所示。

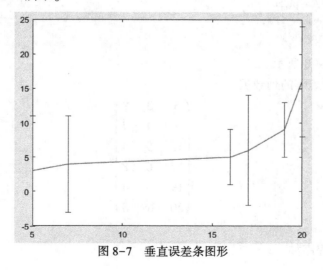

图 8-7　垂直误差条图形

2. 火柴杆图

用线条显示数据点与 x 轴的距离，用一小圆圈（默认标记）或用指定的其他标记符号与线条相连，并在 y 轴上标记数据点的值，这样的图形称为火柴杆图。在二维情况下，实现这种操作的命令是 stem，它的调用格式见表 8-8。

表 8-8 stem 命令的调用格式

调 用 格 式	说　　　明
stem(Y)	按 Y 元素的顺序画出火柴杆图，在 x 轴上，火柴杆之间的距离相等；若 Y 为矩阵，则把 Y 分成几个行向量，在同一横坐标的位置上画出一个行向量的火柴杆图
stem(X,Y)	在横坐标 x 上画出列向量 Y 的火柴杆图，其中 X 与 Y 为同型的向量或矩阵
stem(…,'fill')	指定是否对火柴杆末端的"火柴头"填充颜色
stem(…,LineSpec)	用参数 LineSpec 指定线型、标记符号和火柴头的颜色画火柴杆图
h = stem(…)	返回火柴杆图的 line 图形对象句柄向量

在三维情况下，也有相应的画火柴杆图的命令 stem3，它的调用格式见表 8-9。

表 8-9 stem3 命令的调用格式

调 用 格 式	说明
stem3(Z)	用火柴杆图显示 Z 中数据与 xy 平面的高度。若 Z 为一行向量，则 x 与 y 将自动生成，stem3 将在与 x 轴平行的方向上等距的位置上画出 Z 的元素；若 Z 为列向量，stem3 将在与 y 轴平行的方向上等距的位置上画出 Z 的元素
stem3(X,Y,Z)	在参数 X 与 Y 指定的位置上画出 Z 的元素，其中 X、Y、Z 必须为同型的向量或矩阵
stem3(…,'fill')	指定是否要填充火柴杆图末端的火柴头颜色
stem3(…,LineSpec)	用参数 LineSpec 指定线型、标记符号和火柴头的颜色画火柴杆图
h = stem3(…)	返回火柴杆图的 line 图形对象句柄向量

【例 8-7】 绘制 $y = e^x \sin x$ 的火柴杆图。

解： MATLAB 程序如下。

```
>>X = linspace(0,2 * pi,50)';
>>Y = (exp(X). * sin(X));
>>stem(X,Y,':diamondr')
```

运行结果如图 8-8 所示。

【例 8-8】 抽取矩阵的列数据

$$Y = \begin{pmatrix} 5 & 3 & 8 \\ 7 & 4 & 7 \\ 16 & 5 & 4 \\ 17 & 6 & 8 \\ 19 & 9 & 4 \\ 20 & 16 & 8 \end{pmatrix}$$

绘制火柴杆图。

解： MATLAB 程序如下。

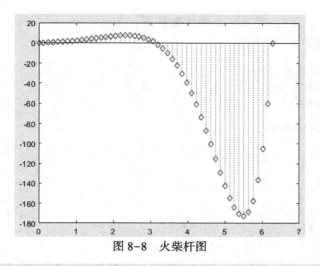

图 8-8   火柴杆图

```
>> Y=[5 3 8;7 4 7;16 5 4;17 6 8;19 9 4;20 16 8];
>>Y1=Y(:,1)'
Y =
    5    7    16    17    19    20
>> Y2=Y(:,2)'
Y2 =
    3    4    5    6    9    16
>>  Y3=Y(:,3)'
Y3 =
    8    7    4    8    4    8
>>subplot(131),stem(Y1)
>>subplot(132),stem(Y2,Y3)
>>subplot(133),stem(Y3)
```

运行结果如图 8-9 所示。

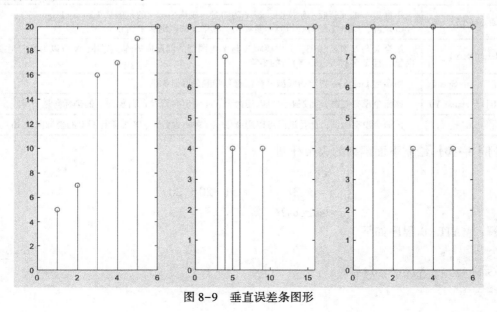

图 8-9   垂直误差条图形

【例 8-9】 绘制 e^x、$\sin(x)$、$\cos(x)$ 的火柴杆图。

解： MATLAB 程序如下。

```
>>X = linspace(-pi/2,pi/2,40);
>>Z = [exp(X);sin(X);cos(X)];
>>stem3(Z,':diamondr')
```

运行结果如图 8-10 所示。

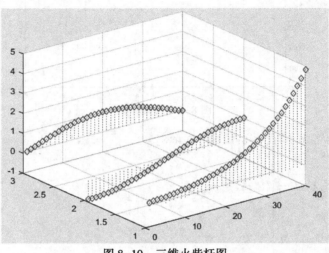

图 8-10　三维火柴杆图

3. 阶梯图

阶梯图在电子信息工程以及控制理论中用得非常多。在 MATLAB 中，实现这种作图的命令是 stairs，它的调用格式见表 8-10。

表 8-10　stairs 命令的调用格式

调用格式	说　明
stairs(Y)	用参量 Y 的元素画一阶梯图，若 Y 为向量，则横坐标 x 的范围从 1 到 m=length(Y)，若 Y 为 m×n 矩阵，则对 Y 的每一行画一阶梯图，其中 x 的范围从 1 到 n
stairs(X,Y)	结合 X 与 Y 画阶梯图，其中要求 X 与 Y 为同型的向量或矩阵。此外，X 可以为行向量或为列向量，且 Y 为有 length(X) 行的矩阵
stairs(…,LineSpec)	用参数 LineSpec 指定的线型、标记符号和颜色画阶梯图
[xb,yb] = stairs(Y)	该命令没有画图，而是返回可以用命令 plot 画出参量 Y 的阶梯图上的坐标向量 xb 与 yb
[xb,yb] = stairs(X,Y)	该命令没有画图，而是返回可以用命令 plot 画出参量 X、Y 的阶梯图上的坐标向量 xb 与 yb

【例 8-10】 绘制下面函数的火柴杆图。

$$\begin{cases} x = \sin t \\ y = \cos 2t \\ z = t\sin t\cos 2t \end{cases} \quad t \in (-20\pi, 20\pi).$$

解： MATLAB 程序如下。

```
>> close all
>> t=-20*pi:pi/100:20*pi;
>> x=sin(t);
```

```
>> y = cos(2 * t);
>> z = t. * sin(t). * cos(2 * t);
>> stem3(x,y,z,'fill','r')
>> title('三维火柴杆图')
```

运行结果如图 8-11 所示。

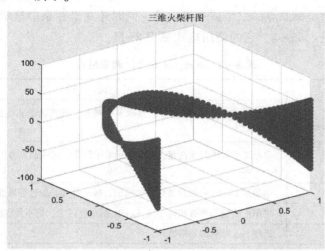

图 8-11　三维火柴杆图

【例 8-11】画出正弦波、余弦波叠加的阶梯图。

解： MATLAB 程序如下。

```
>> close all
>> x=(-pi:pi/20:pi)';
>>y =[0.5 * cos(x),2 * cos(x)];
>> stairs(y)
>> text(10,2.2,'正弦波、余弦波叠加的阶梯图','FontSize',16)
```

运行结果如图 8-12 所示。

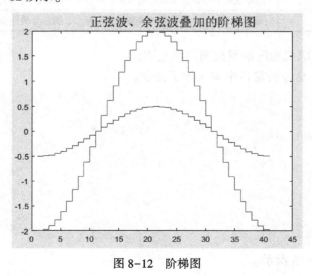

图 8-12　阶梯图

8.1.3 向量图形

由于物理等学科的需要，在实际中有时需要绘制一些带方向的图形，即向量图。对于这种图形的绘制，MATLAB 中也有相关的命令，本小节就来学一下几个常用的命令。

1. 罗盘图

罗盘图即起点为坐标原点的二维或三维向量，同时还在坐标系中显示圆形的分隔线。实现这种作图的命令是 compass，它的调用格式见表 8-11。

表 8-11　compass 命令的调用格式

调 用 格 式	说　明
compass(X,Y)	参量 X 与 Y 为 n 维向量，显示 n 个箭头，箭头的起点为原点，箭头的位置为(X(i),Y(i))
compass(Z)	参量 Z 为 n 维复数向量，命令显示 n 个箭头，箭头起点为原点，箭头的位置为(real(Z),imag(Z))
compass(⋯,LineSpec)	用参量 LineSpec 指定箭头图的线型、标记符号、颜色等属性
compass(axes_handle,…)	将图形绘制到带有句柄 axes_handle 的坐标区中，而不是当前坐标区 (gca) 中
h = compass(⋯)	返回 line 对象的句柄给 h

2. 羽毛图

羽毛图是在横坐标上等距地显示向量的图形，看起来就像鸟的羽毛一样。它的绘制命令是 feather，该命令的调用格式见表 8-12。

表 8-12　feather 命令的调用格式

调 用 格 式	说　明
feather(U,V)	显示由参量向量 U 与 V 确定的向量，其中 U 包含作为相对坐标系中的 x 成分，Y 包含作为相对坐标系中的 y 成分
feather(Z)	显示复数参量向量 Z 确定的向量，等价于 feather(real(Z),imag(Z))
feather(⋯,LineSpec)	用参量 LineSpec 报指定的线型、标记符号、颜色等属性画出羽毛图

【例 8-12】绘制随机矩阵的罗盘图与羽毛图。

解： 在 MATLAB 命令行窗口中输入如下命令。

```
>> clear
>> close all
>> M = randn(10,10);
>> subplot(1,2,1)
>> compass(M)
>> title('罗盘图')
>> subplot(1,2,2)
>> feather(M)
>> title('羽毛图')
```

运行结果如图 8-13 所示。

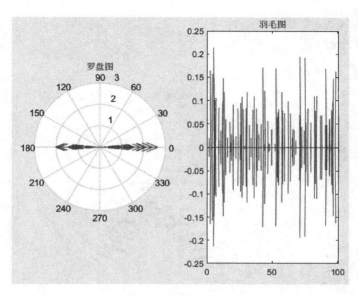

图 8-13　罗盘图与羽毛图

3. 箭头图

上面两个命令绘制的图也可以叫作箭头图，但即将要讲的箭头图比上面两个箭头图更像数学中的向量，即它的箭头方向为向量方向，箭头的长短表示向量的大小。这种图的绘制命令是 quiver 与 quiver3，前者绘制的是二维图形，后者绘制是三维图形。它们的使用格式也十分相似，只是后者比前者多一个坐标参数，因此只介绍一下 quiver 的调用格式，见表 8-13。

表 8-13　quiver 命令的调用格式

调 用 格 式	说　　明
quiver(U,V)	其中 U、V 为 m×n 矩阵，绘出在范围为 $x \in (1{:}n)$ 和 $y \in (1{:}m)$ 的坐标系中由 U 和 V 定义的向量
quiver(X,Y,U,V)	若 X 为 n 维向量，Y 为 m 维向量，U、V 为 m×n 矩阵，则画出由 X、Y 确定的每一个点处由 U 和 V 定义的向量
quiver(⋯,scale)	自动对向量的长度进行处理，使之不会重叠。可以对 scale 进行取值，若 scale = 2，则向量长度伸长 2 倍；若 scale = 0，则按实画出向量图
quiver(⋯,LineSpec)	用 LineSpec 指定的线型、符号、颜色等画向量图
quiver(⋯,LineSpec,'filled')	用 LineSpec 指定的记号进行填充
h = quiver(⋯)	返回每个向量图的句柄

【例 8-13】 绘制马鞍面 $Z = Y^2 - X^2$ 上的三维箭头图。

解：在 MATLAB 命令行窗口中输入如下命令。

```
>> close all
>>x = -3:0.5:3;
>>y = -3:0.5:3;
>>[X,Y] = meshgrid(x, y);
>>Z = Y.^2 - X.^2;
>>[U,V,W] = surfnorm(Z);
```

```
>> quiver3(Z,U,V,W)
>> title('法向向量图')
```

运行结果如图 8-14 所示。

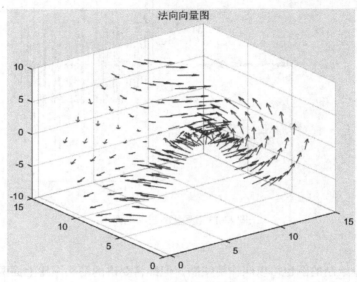

图 8-14　法向向量图

8.1.4　柱面与球面

在 MATLAB 中，有专门绘制柱面与球面的命令 cylinder 与 sphere，它们的调用格式也非常简单。首先来看 cylinder 命令，它的调用格式见表 8-14。

表 8-14　cylinder 命令的调用格式

调用格式	说　明
[X,Y,Z] = cylinder	返回一个半径为 1、高度为 1 的圆柱体的 x 轴、y 轴、z 轴的坐标值，圆柱体的圆周有 20 个距离相同的点
[X,Y,Z] = cylinder(r,n)	返回一个半径为 r、高度为 1 的圆柱体的 x 轴、y 轴、z 轴的坐标值，圆柱体的圆周有指定 n 个距离相同点
[X,Y,Z] = cylinder(r)	与 [X,Y,Z] = cylinder(r,20) 等价
cylinder(axes_handle,…)	将图形绘制到带有句柄 axes_handle 的坐标区中，而不是当前坐标区（gca）中
cylinder(…)	没有任何的输出变量，直接画出圆柱体

【例 8-14】画出一个棱柱柱面。

解：在 MATLAB 命令行窗口中输入如下命令。

```
>> close all
>> t=0:0.1:2;
>> cylinder(2,6)
```

运行结果如图 8-15 所示。

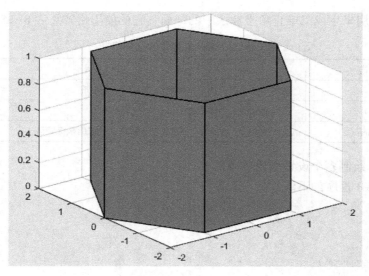

图 8-15　棱柱柱面

【例 8-15】 画出一个根据函数 $x+\mathrm{e}^x$ 半径变化的柱面。

解： 在 MATLAB 命令行窗口中输入如下命令。

```
>> close all
>> t=0:pi/10:2 * pi;
>> [X,Y,Z]=cylinder(2+exp(t),30);
>> surf(X,Y,Z)
>> axis square
>>xlabel('x-axis'),ylabel('y-axis '),zlabel('z-axis')
```

运行结果如图 8-16 所示。

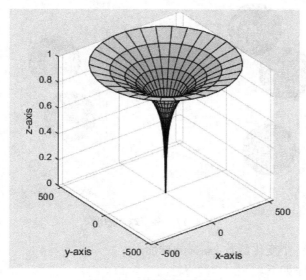

图 8-16　半径变化的柱面

sphere 命令用来生成三维直角坐标系中的球面，它的使用格式见表 8-15。

表 8-15　sphere 命令的使用格式

调用格式	说　　明
sphere	绘制单位球面，该单位球面由 20×20 个面组成
sphere(n)	在当前坐标系中画出由 n×n 个面组成的球面
[X,Y,Z]=sphere(n)	返回 3 个 (n+1)×(n+1) 的直角坐标系中的球面坐标矩阵

【例 8-16】 绘制多个设置颜色的球体。

解： MATLAB 程序如下。

```
>> close all
>> k = 5;
>> n = 2^k-1;
>> [x,y,z] = sphere(n);
>> c = hadamard(2^k);
>> figure
>> surf(x,y,z,c);
>>colormap([1 1 0;0 1 1])
>> axis equal
>>hold on
>>surf(x+3,y-2,z)
>>surf(x,y+1,z-3)
>>xlabel('x-axis'),ylabel('y-axis '),zlabel('z-axis')
>>axis ij    % 变换球体位置
```

运行结果如图 8-17 所示。

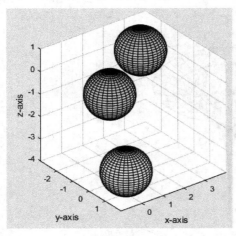 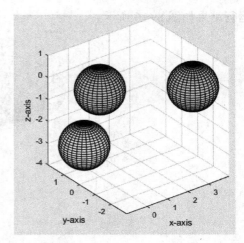

图 8-17　多个球体图形

【例 8-17】 画出一个变化函数 $2\sin x$ 的球面。

解： MATLAB 程序如下。

```
>> close all
>> t=0:pi/10:2*pi;
```

```
>> [X,Y,Z] = cylinder(2 * sin(t),30);
>> surf(X,Y,Z)
>> axis square
>>xlabel('x-axis'),ylabel('y-axis '),zlabel('z-axis')
```

运行结果如图 8-18 所示。

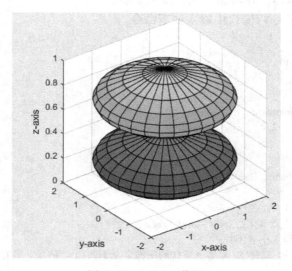

图 8-18　cylinder 作图

在绘制带光照的三维图像时，可以利用 light 命令与 lightangle 命令来确定光源位置，其中 light 命令使用格式非常简单，即为

light('color',s1,'style',s2,'position',s3)

其中'color'、'style'与'position'的位置可以互换，s1、s2、s3 为相应的可选值。例如，light('position',[1 0 0])表示光源从无穷远处沿 x 轴向原点照射过来。

lightangle 命令的调用格式见表 8-16。

表 8-16　lightangle 命令的调用格式

调 用 格 式	说　　明
lightangle(az,el)	在由方位角 az 和仰角 el 确定的位置放置光源
light_handle = lightangle(az,el)	创建一个光源位置并在 light_handle 里返回 light 的句柄
lightangle(light_handle,az,el)	设置由 light_handle 确定的光源位置
[az,el] = lightangle(light_handle)	返回由 light_handle 确定的光源位置的方位角和仰角

在确定了光源位置后，用户可能还会用到一些照明模式，这一点可以利用 lighting 命令来实现，它主要有 4 种调用格式，即有 4 种照明模式，见表 8-17。

表 8-17　lighting 命令的调用格式

调 用 格 式	说　　明
lighting flat	选择顶光
lightinggouraud	选择 gouraud 照明

调用格式	说　　明
lightingphong	选择 phong 照明
lighting none	关闭光源

【例 8-18】 绘制球体，并增加灯光、显示贴图。

解：在 MATLAB 命令行窗口中输入如下命令。

```
>> close all
>> [x,y,z] = sphere(40);
>> colormap(jet)
>> subplot(1,3,1);
>> surf(x,y,z),shadinginterp
>> light('position',[2,-2,2],'style','local')
>> lightingphong
>> subplot(1,3,2)
>> surf(x,y,z,-z),shading flat
>> light,lighting flat
>> light('position',[-1 -1 -2],'color','y')
>> light('position',[-1,0.5,1],'style','local','color','w')
>> load clown        % 导入小丑图片
>> C = flipud(X);     % 翻转 X,并将已翻转的图像定义为曲面 C 的颜色数据
>> subplot(1,3,3);
>> surface(x,y,z,C,...
    'FaceColor','texturemap',...
    'EdgeColor','none',...
    'CDataMapping','direct')     % 创建一个曲面图并沿该曲面图显示图像
>> colormap(map)
>> view(-35,45)
```

运行结果如图 8-19 所示。

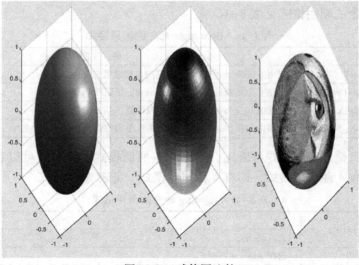

图 8-19　球体图比较

8.2   图像处理

MATLAB 还可以进行一些简单的图像处理与动画制作，本节将为读者介绍这些方面的基本操作，关于这些功能的详细介绍，感兴趣的读者可以参考其他相关书籍。

8.2.1   图像的读写

MATLAB 支持的图像格式有 ∗.bmp、∗.cur、∗.gif、∗.hdf、∗.ico、∗.jpg、∗.pbm、∗.pcx、∗.pgm、∗.png、∗.ppm、∗.ras、∗.tiff 以及 ∗.xwd。对于这些格式的图像文件，MATLAB 提供了相应的读写命令，下面简单介绍这些命令的基本用法。

1. 图像读入命令

在 MATLAB 中，imread 命令用来读入各种图像文件，它的调用格式见表 8-18。

表 8-18   imread 命令的调用格式

调用格式	说　明
A=imread(filename, fmt)	参数 fmt 用来指定图像的格式，图像格式可以与文件名写在一起，默认的文件目录为当前工作目录
[X, map]=imread(…)	map 为颜色映像矩阵读取多帧 TIFF 文件中的一帧
[…]=imread(filename)	从 filename 指定的文件读取图像，并从文件内容推断出其格式
[…]=imread(…, idx)	读取多帧 TIFF 文件中的一帧，idx 为帧号
[…]=imread(…, Name, Value)	使用一个或多个名称-值对参数以及前面语法中的任何输入参数指定特定格式的选项
[A, map, transparency]=imread(…)	返回 transparency（图像透明度）。此语法仅适用于 PNG、CUR 和 ICO 文件。对于 PNG 文件，透明度是 alpha 通道（如果存在）

【例 8-19】 读取如图 8-20 所示图像文件 image1.tif 的第 6 帧。

图 8-20   imread 命令应用举例 1

解： 在 MATLAB 命令行窗口中输入如下命令。

```
>> [X,map] = imread('world. tif',6);
```

【例 8-20】 读取如图 8-21 所示 24 位 PNG 图像的透明度。

图 8-21   imread 命令应用实例 2

解： 在 MATLAB 命令行窗口中输入如下命令。

```
>>[A,map,alpha] = imread('shinei. PNG');
>> alpha
alpha =
    [ ]
```

2. 图像写入命令

在 MATLAB 中，imwrite 命令用来写入各种图像文件，它的调用格式见表 8-19。

表 8-19   imwrite 命令的调用格式

调 用 格 式	说　　明
imwrite(A, filename, fmt)	将图像的数据 A 以 fmt 的格式写入到文件 filename 中
imwrite(X, map, filename)	将图像矩阵以及颜色映像矩阵写入到文件 filename 中
imwrite(⋯, fmt)	以 fmt 的格式写入到文件 filename 中
imwrite(⋯, Parameter, Value, ⋯)	可以让用户控制 GIF、HDF、JPEG、PBM、PGM、PNG、PPM 和 TIFF 等图像文件的输出，其中参数的说明读者可以参考 MATLAB 的帮助文档

【例 8-21】 将图像 image3. tif 保存成 . hdf 格式。

解： 在 MATLAB 命令行窗口中输入如下命令。

```
>> [X,map] = imread('image3. tif');
>>imwrite(X,map,'image3. hdf')
>>imwrite(X,map,'image3. hdf','Compression','none','WriteMode','append');
```

📖 **注意：** 当利用 imwrite 命令保存图像时，MATLAB 默认的保存方式为 unit8 的数据类型，如果图像矩阵是 double 型的，则 imwrite 在将矩阵写入文件之前，先对其进行偏置，即写入的是 unit8(X-1)。

8.2.2 图像的显示及信息查询

通过 MATLAB 窗口可以将图像显示出来，并可以对图像的一些基本信息进行查询，下面将具体介绍这些命令及相应用法。

1. 图像显示命令

MATLAB 中常用的图像显示命令有 image 命令、imagesc 命令以及 imshow 命令。image 命令有两种调用格式：一种是通过调用 newplot 命令来确定在什么位置绘制图像，并设置相应轴对象的属性；另一种是不调用任何命令，直接在当前窗口中绘制图像，这种用法的参数列表只能包括属性名称及值对。该命令的调用格式见表 8-20。

表 8-20 image 命令的调用格式

调用格式	说 明
image(C)	将矩阵 C 中的值以图像形式显示出来
image(X,Y,C)	其中 X、Y 为二维向量，分别定义了 x 轴与 y 轴的范围
image(…, 'PropertyName', PropertyValue)	在绘制图像前需要调用 newplot 命令，后面的参数定义了属性名称及相应的值
image('PropertyName', PropertyValue, …)	输入参数只有属性名称及相应的值
handle = image(…)	返回所生成的图像对象的句柄

经常用到的图像大小调整命令是 truesize 命令，其常用的调用格式见表 8-21。

表 8-21 truesize 命令的调用格式

调用格式	说 明
truesize(fig,[mrows ncols])	调整图中图像的显示大小，调整 fig 尺寸为[mrows ncols]，以像素为单位
truesize(fig)	调整显示大小，使每个图像像素覆盖一个屏幕像素。如果未指定图形，truesize 将调整当前图形的显示大小

【例 8-22】调整图像的显示大小。

解：在 MATLAB 命令行窗口中输入如下命令。

```
>> subplot(1,2,1)
>> I=imread('eight.tif');
>>imshow(I, 'InitialMagnification','fit')
>> subplot(1,2,2);
>>imshow('eight.tif');
>>truesize；%显示图像，使每个图像像素覆盖一个屏幕像素
```

运行结果如图 8-22 所示。

【例 8-23】显示二进制图像。

解：MATLAB 程序如下。

```
>>[X,map] =imread('image3.tif',2);          % 读取图像文件 tif 的第 2 帧
>>subplot(1,3,1),imshow(X,map)              %显示二进制图像
```

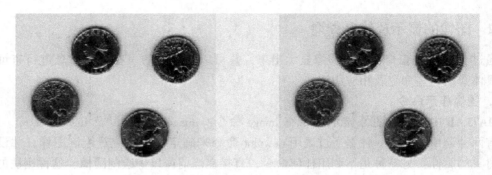

图 8-22 truesize 命令应用举例

```
>>[X,map]=imread('image3. tif',3);          % 读取图像文件 tif 的第 3 帧
>>subplot(1,3,2),imshow(X,map)              %显示二进制图像
>>A=imread('image3. tif',4);                % 读取图像文件 tif 的第 4 帧
>>subplot(1,3,3),imshow(A)                  %显示二进制图像
>>truesize([200,200]);                      % 将"图形"窗口的大小调整为任意尺寸。
```

运行结果如图 8-23 所示。

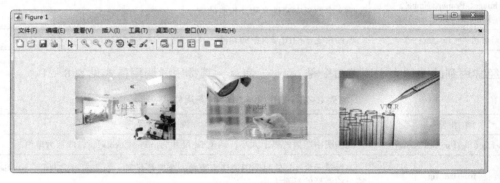

图 8-23　显示图片

【例 8-24】image 命令应用举例。

解：在 MATLAB 命令行窗口中输入如下命令。

```
>> figure
>> ax(1)= subplot(1,2,1);
>>rgb=imread('technology. jpg');
>> image(rgb);
>> title('RGB image')
>> ax(2)= subplot(1,2,2);
>> im=mean(rgb,3);
>> image(im);
>> title('Intensity Heat Map')
>>colormap(hot(256))
>>linkaxes(ax,'xy')
>> axis(ax,'image')
```

运行结果如图 8-24 所示。

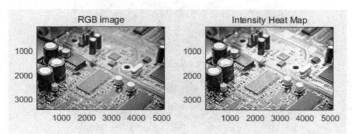

图 8-24　image 命令应用举例

imagesc 命令与 image 命令非常相似，主要的不同是前者可以自动调整值域范围。它的调用格式见表 8-22。

表 8-22　imagesc 命令的调用格式

调用格式	说　　明
imagesc(C)	将矩阵 C 中的值以图像形式显示出来
imagesc(X,Y,C)	其中 X、Y 为二维向量，分别定义了 x 轴与 y 轴的范围
imagesc('PropertyName', PropertyValue,…)	输入参数只有属性名称及相应的值
imagesc(…, clims)	clims 为二维向量，它限制了 C 中元素的取值范围
imagesc(ax,…)	在 ax 指定的轴上而不是在当前轴（GCA）上创建映像
h = imagesc(…)	返回所生成的图像对象的句柄

【例 8-25】 缩放并索引图片。

解： MATLAB 程序如下。

```
>>RGB = imread('cat.jpg');   % 读取并显示星云的真彩色 uint 8 JPEG 图像
>>figure
>>imagesc(RGB)
>>axis image
>>axis off                    % 关闭坐标系,显示如图 8-25 所示的真彩色图片
>>zoom(2)                     % 放大图片,显示如图 8-26 所示的真彩色图片
>>[IND,map] = rgb2ind(RGB,32); % 将 RGB 转换为 32 种颜色的索引图片
>>figure
>>imagesc(IND)    % 显示如图 8-27 所示的索引图片。
```

运行结果如图 8-25~图 8-27 所示。

图 8-25　真彩色图片　　　　　　图 8-26　放大后的图片

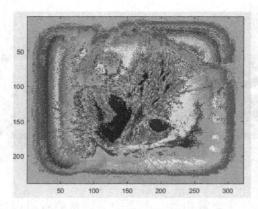

图 8-27 索引图片

【例 8-26】imagesc 命令应用举例。

解：在 MATLAB 命令行窗口中输入如下命令。

```
>> load flujet   % flujet 为 MATLAB 预存的一个 mat 文件,里面包含一个矩阵 X 和一个调色板 map
>> subplot(1,2,1)
>>imagesc(X)
>>colormap(gray)
>> subplot(1,2,2)
>>clims = [10 60];
>>imagesc(X,clims)
>>colormap(gray)
```

运行结果如图 8-28 所示。

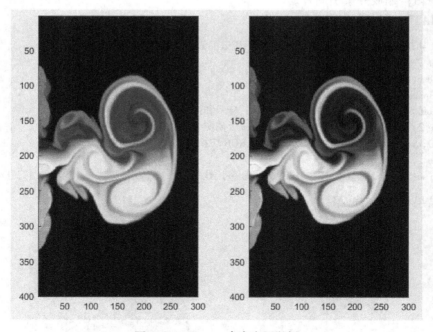

图 8-28　imagesc 命令应用举例

在实际当中，另一个经常用到的图像显示命令是 imshow 命令，其常用的调用格式见表 8-23。

表 8-23　imshow 命令的调用格式

调用格式	说　明
imshow(I)	显示灰度图像 I
imshow(I,[low high])	显示灰度图像 I，其值域为[low　high]
imshow(RGB)	显示真彩色图像
imshow(BW)	显示二进制图像
imshow(X,map)	显示索引色图像，X 为图像矩阵，map 为调色板
imshow(filename)	显示 filename 文件中的图像
himage = imshow(…)	返回所生成的图像对象的句柄
imshow(…,param1,val1, param2,val2,…)	根据参数及相应的值来显示图像，对于其中参数及相应的取值，读者可以参考 MATLAB 的帮助文档

【例 8-27】 imshow 命令应用举例，显示图 8-29。

解： MATLAB 程序如下：

```
>> subplot(1,2,1)
>> I=imread('D:\Program Files\MATLAB\R2018a\bin\yuanwenjian\xiangsui.png');
>>imshow(I,[0 80])
>> subplot(1,2,2)
>>imshow('D:\Program Files\MATLAB\R2018a\bin\yuanwenjian\xiangsui.png ')
```

运行结果如图 8-29 所示。

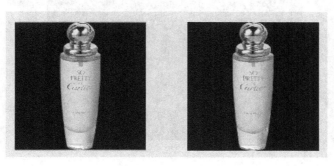

图 8-29　imshow 命令应用举例

2. 图像色标显示命令

MATLAB 中利用 colorbar 显示图像色标，直接在当前窗口中绘制图像并显示色标，该命令的调用格式见表 8-24。

表 8-24　colorbar 命令的调用格式

调用格式	说　明
colorbar	在当前轴或图表的右侧显示垂直色标
colorbar(target)	向目标 target 指定的轴或图表添加色标

命 令 格 式	说 明
colorbar('peer',target)	向目标指定的轴添加颜色条。不建议使用此语法，可能会在将来的版本中删除
colorbar(…,lcn)	在 lcn 指定的位置显示色标，并非所有类型的图表都支持修改色标位置。lcn 显示方向，如'northoutside'
colorbar(…,Name,Value)	使用一个或多个名称-值对参数修改色标外观
c =colorbar(…)	返回色标对象。创建色标后，可以使用此对象设置属性
colorbar ('off')	删除与当前轴或图表相关联的色标
colorbar (target, 'off')	删除与 target 指定的轴或图表相关联的色标
colorbar (c, 'off')	删除由 c 指定的色标

【例 8-28】 添加矩阵图片的色标。

解： MATLAB 程序如下。

```
>>C = [1 2 4 6;5 10 12 4;16 18 20 22];
>>image(C)
>>colorbar
```

运行结果如图 8-30 所示。

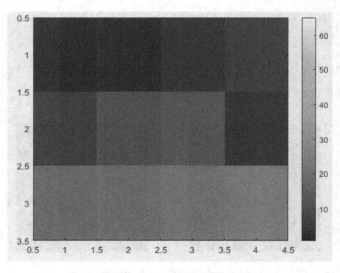

图 8-30　添加图片色标

3. 图像信息查询

在利用 MATLAB 进行图像处理时，可以利用 imfinfo 命令查询图像文件的相关信息。这些信息包括文件名、文件最后一次修改的时间、文件大小、文件格式、文件格式的版本号、图像的宽度与高度、每个像素的位数以及图像类型等。该命令具体的调用格式见表 8-25。

表 8-25　imfinfo 命令的调用格式

调 用 格 式	说 明
info = imfinfo(filename,fmt)	查询图像文件 filename 的信息，fmt 为文件格式

调 用 格 式	说　　明
info = imfinfo(filename)	查询图像文件 filename 的信息
info = imfinfo(URL, …)	查询网络上的图像信息

【例 8-29】 查询图 8-29 中的图像信息。

解：MATLAB 程序如下。

```
>> info = imfinfo( 'xiangsui.png ')
info =

    包含以下字段的 struct：

                    Filename：'D：\Program Files\MATLAB\R2018a\bin\yuanwenjian\xiangsui.png '
                 FileModDate：'10-Oct-2017 19：26：30 '
                    FileSize：1067868
                      Format：'png '
               FormatVersion：[ ]
                       Width：1100
                      Height：1100
                    BitDepth：24
                   ColorType：'truecolor '
             FormatSignature：[ 137 80 78 71 13 10 26 10]
                    Colormap：[ ]
                   Histogram：[ ]
               InterlaceType：'none '
                Transparency：'alpha '
      SimpleTransparencyData：[ ]
             BackgroundColor：[ ]
             RenderingIntent：[ ]
               Chromaticities：[ ]
                       Gamma：[ ]
                 XResolution：3780
                 YResolution：3780
              ResolutionUnit：'meter '
                     XOffset：[ ]
                     YOffset：[ ]
                  OffsetUnit：[ ]
              SignificantBits：[ ]
                ImageModTime：[ ]
                       Title：[ ]
                      Author：[ ]
                 Description：[ ]
                   Copyright：[ ]
                CreationTime：[ ]
                    Software：[ ]
                  Disclaimer：[ ]
```

```
                    Warning：[ ]
                     Source：[ ]
                  Comment：[ ]
                OtherText：[ ]
```

8.3　视频文件

视频文件格式是指视频保存的一种格式，视频是现在电脑中多媒体系统中的重要一环。在 MATLAB 中，要读取视频文件、写入视频文件、显示视频文件信息，任何应用程序都必须能够识别容器格式（如 AVI），可以访问能够对文件中所存储的视频数据进行解码的编解码器。通过 MATLAB 窗口可以将视频文件显示出来，并可以对视频文件的一些基本信息进行查询，下面将具体介绍这些命令及相应用法。

8.3.1　读取视频文件

MATLAB 利用 VideoReader 命令读取视频文件，VideoReader 支持的文件格式视平台而异，对文件扩展名没有任何限制，支持的视频文件格式见表 8-26。

表 8-26　VideoReader 命令支持的视频文件格式

平　　台	文　件　格　式
所有平台	AVI，包括未压缩、索引、灰度和 Motion JPEG 编码的视频（. avi） Motion JPEG 2000（. mj2）
所有 Windows	MPEG-1（. mpg） Windows Media 视频（. wmv、. asf、. asx） Microsoft ® DirectShow ® 支持的任何格式
Windows 7 或更高版本	MPEG-4，包括 H. 264 编码视频（. mp4、. m4v） Apple QuickTime Movie（. mov） Microsoft Media Foundation 支持的任何格式
Macintosh	QuickTime Player 支持大多数格式，包括：MPEG-1（. mpg）、MPEG-4、H. 264 编码视频（. mp4、. m4v）、Apple QuickTime Movie（. mov）、3GPP、3GPP2、AVCHD、DV 注意：对于 OS X Yosemite（10. 10 版）和更高版本来说，使用 VideoWriter 编写的 MPEG-4/H. 264 文件能正常播放，但显示的帧速率不精确
Linux	GStreamer 1. 0 或更高版本的已安装插件支持的任何格式，包括 Ogg Theora（. ogg）

VideoReader 命令支持的视频文件的信息中对象的属性见表 8-27。

表 8-27　VideoReader 命令支持的视频文件格式对象的属性

属　　性	说　　明
BitsPerPixel	视频数据的每像素的位数
CurrentTime	要读取的视频帧的时间戳
Duration	文件的长度
FrameRate	每秒的视频帧数

属　　性	说　　明
Height	视频帧的高度
Name	文件名
NumberOfFrames	视频流中的帧数
Path	视频文件的完整路径
Tag	常规文本
UserData	用户定义的数据
VideoFormat	视频格式的 MATLAB 表示
Width	视频帧的宽度

VideoReader 命令的调用格式见表 8-28。

表 8-28　VideoReader 命令的调用格式

调 用 格 式	说　　明
v = VideoReader(filename)	创建对象 v，用于从名为 filename 的文件读取视频数据
v = VideoReader (filename, Name, Value)	使用名称-值对组设置属性 CurrentTime、Tag 和 UserData。可以指定多个名称-值对组，将每个属性名称和后面的值用单引号括起来

VideoReader 命令的对象函数见表 8-29。

表 8-29　VideoReader 命令的对象函数

函　　数	说　　明
read	从文件中读取视频帧数据
VideoReader. getFileFormats	VideoReader 支持的文件格式
readFrame	从视频文件中读取视频帧
hasFrame	确定帧是否可供读取

【例 8-30】 读取视频。

解： MATLAB 程序如下。

```
>>v = VideoReader('UG. mp4');
whilehasFrame(v)    % 读取所有视频帧
    video = readFrame(v);
end
>>whos video    % 显示变量
    Name        Size                    Bytes   Class    Attributes
    video       700x1000x3              2100000 uint8
```

【例 8-31】 在特定时间开始读取视频。

解： MATLAB 程序如下。

```
>> VideoReader('Creat PRJ.mp4','CurrentTime',1.2)    %'CurrentTime'表示要读取的视频帧的时间戳,指
定为数值标量。以距视频文件开头的秒数形式指定,CurrentTime 的值介于零和视频持续时间之间
```

```
ans =
  VideoReader - 属性:
  常规属性:
              Name: 'Creat PRJ.mp4'
              Path: 'D:\Program Files\MATLAB\R2018a\bin\yuanwenjian'
          Duration: 39.4738
       CurrentTime: 1.2000
               Tag: ''
          UserData: [ ]
  视频属性:
             Width: 1000
            Height: 700
         FrameRate: 15
       BitsPerPixel: 24
       VideoFormat: 'RGB24'
```

8.3.2 写入视频文件

MATLAB 利用 VideoWriter 命令写入视频文件，使用 VideoWriter 对象根据数组或 MATLAB® 影片创建一个视频文件。该对象包含有关视频的信息以及控制输出视频的属性。可以使用 VideoWriter 函数创建 VideoWriter 对象，指定其属性，然后使用对象函数写入视频。

VideoWriter 命令的调用格式见表 8-30。

表 8-30 VideoWriter 命令的调用格式

调 用 格 式	说　　明
v = VideoWriter(filename)	创建一个 VideoWriter 对象以将视频数据写入采用 Motion JPEG 压缩技术的 AVI 文件
v = VideoWriter(filename, profile)	应用一组适合特定文件格式的属性

VideoWriter 命令支持的视频文件的文件类型见表 8-31。

表 8-31 VideoWriter 命令支持的视频文件的文件类型

profile 值	说　　明
'Archival'	采用无损压缩的 Motion JPEG 2000 文件
'Motion JPEG AVI'	使用 Motion JPEG 编码的 AVI 文件
'Motion JPEG 2000'	Motion JPEG 2000 文件
'MPEG-4'	使用 H. 264 编码的 MPEG-4 文件（Windows 7 或更高版本或者 Mac OS X 10.7 及更高版本的系统）
'Uncompressed AVI'	包含 RGB24 视频的未压缩 AVI 文件
'Indexed AVI'	包含索引视频的未压缩 AVI 文件
'Grayscale AVI'	包含灰度视频的未压缩 AVI 文件

VideoWriter 命令支持的视频文件对象的属性见表 8-32。

表 8-32　VideoWriter 命令支持的视频文件对象的属性

属性	说　　明
ColorChannels	颜色通道数
Colormap	视频文件的颜色信息
CompressionRatio	目标压缩比
Duration	输出文件的持续时间
FileFormat	要写入的文件的类型
Filename	文件名
FrameCount	帧数
FrameRate	视频播放的速率
Height	每个视频帧的高度
LosslessCompression	无损压缩
MJ2BitDepth	Motion JPEG 2000 文件的位深度，范围[1,16]内的整数
Path	视频文件的完整路径
Quality	视频质量，默认为 75，范围是[0,100]内的整数
VideoBitsPerPixel	每像素位数
VideoCompressionMethod	视频压缩的类型
VideoFormat	视频格式的 MATLAB 表示
Width	视频帧的宽度

VideoWriter 命令的对象函数见表 8-33。

表 8-33　VideoWriter 命令的对象函数

函数	说　　明
open	打开文件以写入视频数据，在调用 open 后，无法更改帧速率或画质设置
close	写入视频数据之后关闭文件
writeVideo	将视频数据写入到文件
VideoWriter. getProfiles	VideoWriter 支持的描述文件和文件格式

【例 8-32】 从动画创建 AVI 文件。

解： MATLAB 程序如下。

```
>>Z = peaks;
>>surf(Z);
>>axis tight manual
>>set(gca,'nextplot','replacechildren');  %设置坐标区和图窗属性,以生成视频帧
>>v = VideoWriter('peaks. avi');  % 创建 AVI 动画文件,创建 VideoWriter 对象
>>open(v);  % 打开该动画对象。
>>for k = 1:20
    surf(sin(2 * pi * k/20) * Z,Z)
    frame = getframe(gcf);
    writeVideo(v,frame);  % 生成一组帧,从图形窗口中获取帧,然后将每一帧写入文件
```

```
end
>>close(v);   % 关闭视频文件
```

运行的视频文件截取的帧如图 8-31 所示。

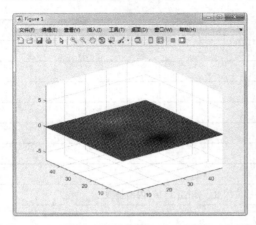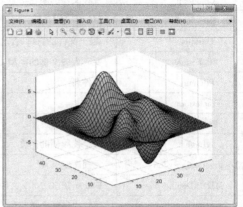

图 8-31   从动画创建 AVI 文件

【例 8-33】生成螺旋线动画。

解：MATLAB 程序如下。

```
>>x = 1:0.1:10;
>>plot3(x,sin(x),cos(x));
>> grid on
>>set(gca,'nextplot','replacechildren');   %设置坐标区和图窗属性,以生成视频帧
>>v = VideoWriter('helix.avi');   % 创建 AVI 动画文件,创建 VideoWriter 对象
>>open(v);   % 打开该动画对象
>>for i = 1:20
    plot3(x,sin(pi * i/20 * x),cos(pi * i/20 * x));
    frame = getframe(gcf);
    writeVideo(v,frame);   % 生成一组帧,从图形窗口中获取帧,然后将每一帧写入文件
      end
>>close(v);   % 关闭视频文件
```

运行的视频文件截取的帧如图 8-32 所示。

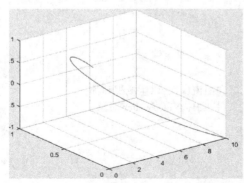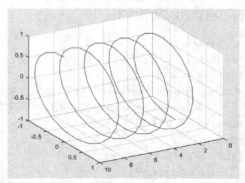

图 8-32   生成螺旋线动画

208

【例 8-34】 调整视频播放速度。

解： MATLAB 程序如下。

```
>>x = 1:0.1:10;
>>plot(sin(x),cos(x));
>> grid on
>>v = VideoWriter('huayuan.avi'); % 创建 AVI 动画文件,创建 VideoWriter 对象
>>open(v); % 打开该动画对象
>>for i = 1:50
    plot(sin(pi * i/50 * x),cos(pi * i/50 * x));
    V. FrameRate =2-i/20;      % 显示帧速度
    frame = getframe(gcf);
    writeVideo(v,frame); % 生成一组帧,从图形窗口中获取帧,然后将每一帧写入文件
     end
>>close(v);   % 关闭视频文件
```

运行结果如图 8-33 所示。

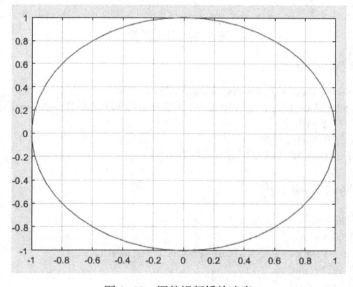

图 8-33　调整视频播放速度

8.3.3　视频信息查询

在利用 MATLAB 进行图像处理时，可以利用 mmfileinfo 命令查询视频文件的相关信息。这些信息包括文件名、文件的路径、文件大小等。该命令具体的调用格式见表 8-34。

表 8-34　mmfileinfo 命令的调用格式

调 用 格 式	说　　明
info = mmfileinfo(filename)	查询视频文件 filename 的信息，返回结构体 info，其字段包含有关 filename 所标识的多媒体文件内容的信息。filename 指定为字符向量

【例 8-35】 将图 8-34 所示的图像转换为视频文件。

图 8-34 静态图像

解： MATLAB 程序如下。

```
>>v = VideoWriter('highfile. avi','Uncompressed AVI');
>>A = imread('technology. jpg');     % 创建一个包含来自示例静态图像 technology. jpg 的数据的数组
>>imshow(A);   %显示图片
>> open(v); % 打开该动画对象
>>writeVideo(v,A)     % 将 A 中的图像写入视频文件
>>close(v)
>>info = mmfileinfo ('highfile. avi')
info =
    包含以下字段的 struct：
      Filename：'highfile. avi'
          Path：'D：\Program Files\MATLAB\R2018a\bin\yuanwenjian'
      Duration：0. 0333
         Audio：[1×1 struct]
         Video：[1×1 struct]
>>audio = info. Audio     % 文件中音频数据信息的结构体
audio =
    包含以下字段的 struct：
                Format：''
      NumberOfChannels：[]
>>video = info. Video     % 文件中视频数据信息的结构体
video =
    包含以下字段的 struct：
      Format：'RGB 24'
      Height：3424
       Width：5138
```

【例 8-36】 创建矩阵图像及视频文件并显示视频信息。

解：MATLAB 程序如下。

```
>>A = rand(500);    % 创建一个随机数据的数组,数据的指定范围在0~1之间,因此矩阵 A 中元素取
值范围为 0~1
>>image(A)    % 生成图片,如图 8-34 所示
>>imwrite(A,'magicfile. bmp','bmp');        % 保存图像文件
>>v = VideoWriter('magicfile. avi');
>>open(v);% 打开该动画对象。
>>writeVideo(v,A);    % 将 A 中的图像写入视频文件
>>close(v)
>> info = mmfileinfo ('magicfile. avi')
info =
    包含以下字段的 struct:
      Filename: 'magicfile. avi'
          Path: 'D:\Program Files\MATLAB\R2018a\bin\yuanwenjian'
      Duration: 0. 0333
        Audio: [1×1 struct]
        Video: [1×1 struct]]
```

【例 8-37】顺序演示图 8-35 中的多帧图像信息。

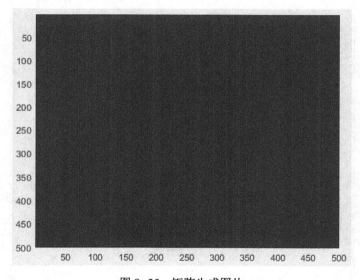

图 8-35   矩阵生成图片

解：MATLAB 程序如下。

```
>>v = VideoWriter('swfile. avi', 'Uncompressed AVI');
>>A = imread('swmoxing. tif');    % 创建图像的数据的数组
>> open(v);% 打开该动画对象
>>writeVideo(v,A)    % 将 A 中的图像写入视频文件
>>for i = 1:10
        A = imread('swmoxing. tif',i);
        imshow(A)
        V. FrameRate =15;    % 显示帧速度
```

```
            frame = getframe;
            writeVideo(v,frame);% 生成一组帧,从图形窗口中获取帧,然后将每一帧写入文件
    end
>>close(v)
>> info= mmfileinfo ('swfile. avi ')    %显示生成的视频文件信息
info =

    包含以下字段的 struct:

    Filename: 'swfile. avi'
        Path: 'D:\Program Files\MATLAB\R2018a\bin\yuanwenjian'
    Duration: 0. 3667
       Audio: [1×1 struct]
       Video: [1×1 struct]
```

运行结果如图 8-36 所示。

图 8-36　运行结果

8.4　音频文件

　　MATLAB 还可以读取写入音频文件,并可以对音频文件的一些基本信息进行查询,下面将具体介绍这些命令及相应用法。

　　MATLAB 使用 audioread 命令读取音频文件,利用 audiowrite 命令写入音频文件,audioread 命令、audiowrite 命令的调用格式见表 8-35、表 8-36。

表 8-35 audioread 命令的调用格式

调 用 格 式	说 明
[y,Fs] = audioread(filename)	从名为 filename 的文件中读取数据，并返回样本数据 y 以及该数据的采样率 Fs
[y,Fs] = audioread(filename, samples)	读取文件中所选范围的音频样本，其中 samples 是[start,finish]格式的向量
[y,Fs] = audioread(_____,dataType)	返回数据范围内与 dataType('native' 或'double')对应的采样数据，可以包含先前语法中的任何输入参数

表 8-36 audiowrite 命令的调用格式

调 用 格 式	说 明
audiowrite(filename,y,Fs)	以采样率 Fs 将音频数据矩阵 y 写入名为 filename 的文件。filename 输入还指定了输出文件格式。输出数据类型取决于音频数据 y 的输出文件格式和数据类型
audiowrite(filename,y,Fs, Name,Value)	使用一个或多个 Name，Value 对组参数指定的其他选项

【例 8-38】 播放音频文件。

解：MATLAB 程序如下。

```
>> load handel. mat    % 在当前文件夹中创建 WAVE（. wav）文件
>> filename = 'handel. wav';
>> audiowrite(filename,y,Fs);
>> clear y Fs
>> [y,Fs] = audioread('handel. wav');        % 使用 audioread 将数据读回 MATLAB
>> sound(y,Fs);                              % 播放音频
>> samples =[1,2 * Fs];                       % 设置截取时间段
>> clear y Fs
>> [y,Fs] = audioread(filename,samples);     % 仅读取前 2 秒的内容
>> sound(y,Fs);                              % 播放样本
```

在利用 MATLAB 进行音频处理时，可以利用 audioinfo 命令查询音频文件的相关信息。这些信息包括文件名、编码的音频通道数目、文件大小、文件格式、文件的持续时间及图像类型等。该命令具体的调用格式见表 8-37。

表 8-37 audioinfo 命令的调用格式

调 用 格 式	说 明
info =audioinfo(filename)	查询有关 filename 指定的音频文件内容的信息

【例 8-39】 查询 NX12.0 音频信息。

解：MATLAB 程序如下。

```
>> info =audioinfo(' D：\Program Files\MATLAB\R2018a\bin\yuanwenjian\ UG NX12. 0. wav')
info =
    包含以下字段的 struct：
            Filename：'D：\Program Files\MATLAB\R2018a\bin\yuanwenjian\UG NX12. 0. wav'
    CompressionMethod：'Uncompressed'
```

```
            NumChannels：1
             SampleRate：22050
           TotalSamples：2053220
              Duration：93.1166
                 Title：[ ]
               Comment：[ ]
                Artist：[ ]
      BitsPerSample：16
```

8.5 动画演示

MATLAB 还可以进行一些简单的动画演示，实现这种操作的主要命令为 moviein 命令、getframe 命令以及 movie 命令。动画演示的步骤如下。

1）利用 moviein 命令对内存进行初始化，创建一个足够大的矩阵，使其能够容纳基于当前坐标轴大小的一系列指定的图形（帧）；moviein（n）可以创建一个足够大的 n 列矩阵。

2）利用 getframe 命令生成每个帧。

3）利用 movie 命令按照指定的速度和次数运行该动画，movie（M，n）可以播放由矩阵 M 所定义的画面 n 次，默认时只播放一次。

【例 8-40】 演示球体函数旋转的动画。

解： MATLAB 程序如下。

```
>>[X,Y,Z] = sphere;
>> surf(X,Y,Z)
>> axis off
>> shadinginterp
>>colormap(hot)
>> for i=1:20
        view(30,60*(i+1))          %改变视点
        M(:,i)=getframe;            %将图形保存到 M 矩阵
    end
>> movie(M,2,5)                    %播放画面 2 次,每秒 5 帧
```

图 8-37 所示为球体函数旋转动画的一帧。

图 8-37 球体函数旋转动画演示

通过使用 XFunction、YFunction 和 ZFunction 属性更改显示的表达式，然后通过使用 drawnow 更新绘图来创建动画。

【例 8-41】 通过改变变量 i 从 0 到 4π，演示动画的参数曲线。

解： MATLAB 程序如下。

```
>>syms t
>>fp = fplot3(t+sin(40*t),-t+cos(40*t),sin(t));
for i=0:pi/10:4*pi
    fp.ZFunction = sin(t+i);
drawnow
end
```

图 8-38 所示为动画的一帧。

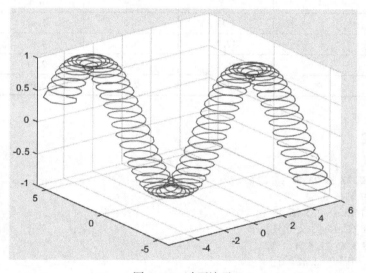

图 8-38　动画演示

8.6　操作实例——盐泉的钾性判别

某地区经勘探证明，A 盆地是一个钾盐矿区，B 盆地是一个钠盐（不含钾）矿区，其他盆地是否含钾盐有待判断。今从 A 和 B 两盆地各取 5 个盐泉样本，从其他盆地抽得 8 个盐泉样本，其数据见表 8-38，试对后 8 个待判盐泉进行钾性判别。

表 8-38　测量数据

盐泉类别	序号	特征 1	特征 2	特征 3	特征 4
第一类：含钾盐泉，A 盆地	1	13.85	2.79	7.8	49.6
	2	22.31	4.67	12.31	47.8
	3	28.82	4.63	16.18	62.15
	4	15.29	3.54	7.5	43.2
	5	28.79	4.9	16.12	58.1

盐泉类别	序号	特征1	特征2	特征3	特征4
第二类：含钠盐泉，B盆地	1	2.18	1.06	1.22	20.6
	2	3.85	0.8	4.06	47.1
	3	11.4	0	3.5	0
	4	3.66	2.42	2.14	15.1
	5	12.1	0	15.68	0
待判盐泉	1	8.85	3.38	5.17	64
	2	28.6	2.4	1.2	31.3
	3	20.7	6.7	7.6	24.6
	4	7.9	2.4	4.3	9.9
	5	3.19	3.2	1.43	33.2
	6	12.4	5.1	4.43	30.2
	7	16.8	3.4	2.31	127
	8	15	2.7	5.02	26.1

操作步骤如下。

1. 输入数据

```
>> clear
>> X1 = [13.85 22.31 28.82 15.29 28.79;
    2.79 4.67 4.63 3.54 4.9;
    7.8 12.31 16.18 7.5 16.12;
    49.6 47.8 62.15 43.2 58.1];
>> X2 = [2.18 3.85 11.4 3.66 12.1;
    1.06 0.8 0 2.42 0;
    1.22 4.06 3.5 2.14 15.68;
    20.6 47.1 0 15.1 0];
>> X = [8.85 28.6 20.7 7.9 3.19 12.4 16.8 15;
    3.38 2.4 6.7 2.4 3.2 5.1 3.4 2.7;
    5.17 1.2 7.6 4.3 1.43 4.43 2.31 5.02;
    64 31.3 24.6 9.9 33.2 30.2 127 26.1];
```

2. 编写协方差函数文件

当两总体的协方差矩阵不相等时，判别函数取

$$W(X) = (X-\mu_2)'V_2^{-1}(X-\mu_2) - (X-\mu_1)'V_1^{-1}(X-\mu_1)$$

其中

$$V_1 = \frac{1}{n_1}S_1,\ V_2 = \frac{1}{n_2}S_2$$

下面的 M 文件是当两总体的协方差不相等时的计算函数。

```
function [r1,r2,alpha,r] = mpbfx2(X1,X2,X)
X1 = X1';
```

216

```
X2 = X2';
miu1 = mean(X1,2);
miu2 = mean(X2,2);
[m,n1] = size(X1);
[m,n2] = size(X2);
[m,n] = size(X);
 for i = 1:m
     ss11(i,:) = X1(i,:) - miu1(i);
     ss12(i,:) = X1(i,:) - miu2(i);
     ss22(i,:) = X2(i,:) - miu2(i);
     ss21(i,:) = X2(i,:) - miu1(i);
     ss2(i,:) = X(i,:) - miu2(i);
     ss1(i,:) = X(i,:) - miu1(i);
 end
s1 = ss11 * ss11';
s2 = ss22 * ss22';
V1 = (s1)/(n1-1);
V2 = (s2)/(n2-1);
for j = 1:n1
    r1(j) = ss12(:,j)' * inv(V2) * ss12(:,j) - ss11(:,j)' * inv(V1) * ss11(:,j);
end
for k = 1:n2
r2(k) = ss22(:,k)' * inv(V2) * ss22(:,k) - ss21(:,k)' * inv(V1) * ss21(:,k);
end
r1(r1>=0) = 1;
r1(r1<0) = 2;
r2(r2>=0) = 1;
r2(r2<0) = 2;
num1 = n1 - length(find(r1 == 1));
num2 = n2 - length(find(r2 == 2));
alpha = (num1+num2)/(n1+n2);
for l = 1:n
    r(l) = ss2(:,k)' * inv(V2) * ss2(:,k) - ss1(:,k)' * inv(V1) * ss1(:,k);
end
r(r>0) = 1;
r(r<0) = 2;
```

3. 协方差判定钾性

```
>> [W,d,r1,r2,alpha,r] = mpbfx(X1,X2,X)
W =
    0.5034    2.2353    -0.1862    0.1259    -15.4222
d =
   18.1458
r1 =
    1    1    1    1    1
r2 =
    2    2    2    2    2
```

217

```
alpha =
     0
r =
     1    1    1    2    2    1    1    1
```

从结果中可以看出，$W(X) = 0.5034x_1 + 2.2353x_2 - 0.1862x_3 + 0.1259xM4 - 15.4222$，回判结果对两个盆地的盐泉都判别正确，误判率为 0，对待判盐泉的判别结果为第 4、5 为含钠盐泉，其余都是含钾盐泉。

4. 绘制统计图形

```
>> X = [8.85 28.6 20.7 7.9 3.19 12.4 16.8 15;
    3.38 2.4   6.7   2.4   3.2 5.1   3.4 2.7;
    5.17 1.2 7.6   4.3   1.43 4.43 2.31 5.02;
    64 31.3 24.6 9.9 33.2 30.2 127 26.1];
>> subplot(2,2,1),bar(X);title('二维条形图');   % 绘制二维条形图
>> subplot(2,2,2),bar3(X,'stacked')title('堆叠三维条形图');   % 堆叠三维条形图行中的元素
>> subplot(2,2,3),bar3h(X);title('z 轴三维条形图');   % 三维条形图沿着 z 轴分布每列元素
>> subplot(2,2,4),b=bar3(X);title('三维条形图');  % 绘制三维条形图
>> colorbar    % 添加色标
```

运行结果如图 8-39 所示。

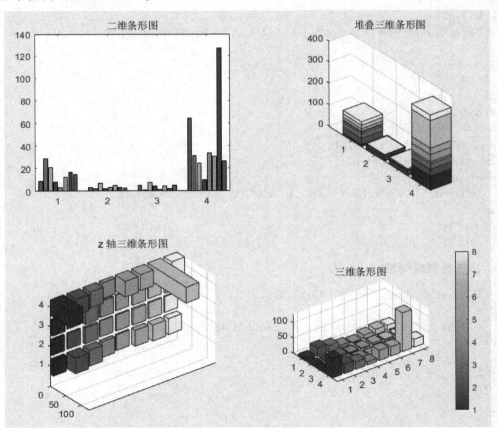

图 8-39　条形图

5. 按高度为三维条形着色

```
for k = 1:length(b)
zdata = b(k).ZData;
    b(k).CData = zdata;
    b(k).FaceColor = 'interp';    %通过将曲面对象的 FaceColor 属性设置为 'interp' 来插入面颜色
end
```

运行结果如图 8-40 所示。

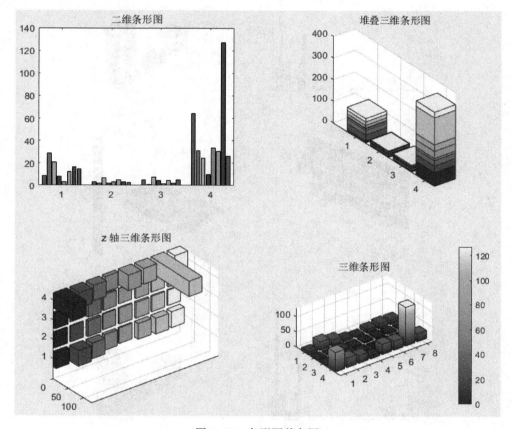

图 8-40　条形图着色图

6. 生成统计图形动画

```
>> axis tight manual
>> set(gca,'nextplot','replacechildren');%设置坐标区和图窗属性,以生成视频帧
>> v = VideoWriter('yanquan.mp4');% 创建 AVI 动画文件,创建 VideoWriter 对象
>> open(v);% 打开该动画对象
>> map = rand(3);
 for i = 1:20
        bar3(0.1 * i * X)     % 改变矩阵大小,演示条形图增幅
        colormap(i * map/20);% 改变色盘矩阵
        M(i) = getframe(gcf);%保存当前绘制
        writeVideo(v,M);% 生成一组帧,从图形窗口中获取帧,然后将每一帧写入文件
```

```
 end
>>movie(M,2)                %播放画面 2 次
>> close(v);  % 关闭视频文件 end
```

运行结果如图 8-41 所示。

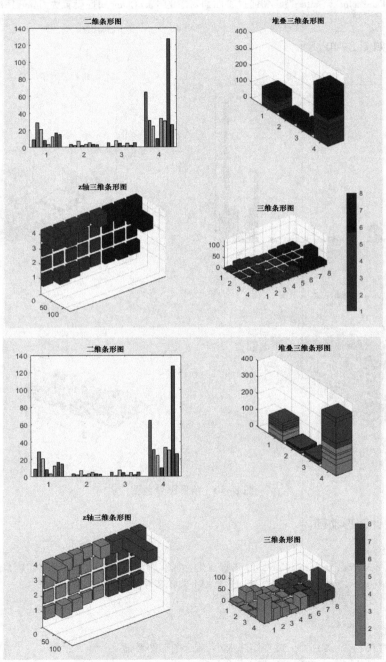

图 8-41 条形图动画帧

8.7 课后习题

1. 甲、乙两个铸造厂生产同种铸件，相同型号的铸件尺寸测量如下，分别绘出表 8–39 数据中甲、乙的二维条形图、饼形图。

表 8–39　给定数据 1

甲	93.3	92.1	94.7	90.1	95.6	90.0	94.7
乙	95.6	94.9	96.2	95.1	95.8	96.3	94.1

2. 画出一个半径变化的柱面。

3. 绘制具有 5 个等值线的山峰函数 peaks，然后对各个等值线进行标注，并给所画的图加上标题。

4. 绘制曲面 $Z = Y^2 - X$ 上的三维箭头图。

5. 画出下面函数的等值线图。

$$f(x, y) = \frac{\sin(x^2 + y^2)}{x^2 + y^2} \quad -\pi < x, y < \pi$$

6. 画出曲面 $z = xe^{-\cos x - \sin y}$ 在 $x \in [-2\pi, 2\pi]$ $y \in [-2\pi, 2\pi]$ 的图像及火柴杆图。

7. 创建一个球面，并将其顶端映射为颜色表里的最高值。

8. 创建服从高斯分布的数据柱状图，再将这些数据分到范围为指定的若干个相同的柱状图中和极坐标下的柱状图。

9. 甲、乙两个铸造厂生产同种铸件，相同型号的铸件尺寸测量如下，绘出表 8–40 数据的误差棒图。

表 8–40　给定数据 2

甲	93.3	92.1	94.7	90.1	95.6	90.0	94.7
乙	95.6	94.9	96.2	95.1	95.8	96.3	94.1

10. 绘制 sin（x）+cos（x）的二维、三维火柴杆图。

11. 画出正弦波的阶梯图。

12. 读取图 8–42 所示的图片信息，转换并保存图片格式。

图 8–42　办公中心图像

13. 演示正弦波的传递动画。

第9章 图形用户界面设计

用户界面是用户与计算机进行信息交流的方式，首先计算机在屏幕显示图形和文本，然后用户通过输入设备与计算机进行通信，最后设计者设定了如何观看和感知计算机、操作系统或应用程序。

本章将介绍 MATLAB 中提供的图形用户界面特征。这些特征包括菜单、上下文菜单、按钮、滚动条、单选按钮、弹出式菜单和列表框等，并通过实例介绍如何编制 GUI 程序。

9.1 用户界面概述

用户界面是用户与计算机进行信息交流的媒介，计算机在屏幕显示图形和文本，用户通过输入设备与计算机进行通信，设定了如何观看和感知计算机、操作系统或应用程序。

图形用户界面 GUI 是由窗口、菜单、图标、光标、按键、对话框和文本等各种图形对象组成的用户界面。

1. 控件

控件是显示数据或接收数据输入的相对独立的用户界面元素，常用控件介绍如下。

1）按钮（Push Button）。按钮是对话框中最常用的控件对象，其特征是在矩形框上加上文字说明。一个按钮代表一种操作，所以有时也称命令按钮。

2）双位按钮（Toggle Button）。在矩形框上加上文字说明。这种按钮有两个状态，即按下状态和弹起状态。每单击一次其状态将改变一次。

3）单选按钮（Radio Button）。单选按钮是一个圆圈加上文字说明。它是一种选择性按钮，当被选中时，圆圈的中心有一个实心的黑点，否则圆圈为空白。在一组单选按钮中，通常只能有一个被选中，如果选中了其中一个，则原来被选中的就不再处于被选中状态，这就像收音机一次只能选中一个电台一样，故称作单选按钮。在有些文献中，也称作无线电按钮或收音机按钮。

4）复选框（Check Box）。复选框是一个小方框加上文字说明。它的作用和单选按钮相似，也是一组选择项，被选中的项其小方框中有√。与单选按钮不同的是，复选框一次可以选择多项，这也是"复选框"名字的来由。

5）列表框（List Box）。列表框列出可供选择的一些选项，当选项很多而列表框装不下时，可使用列表框右端的滚动条进行选择。

6）弹出框（Pop—up Menu）。弹出框平时只显示当前选项，单击其右端的向下箭头即弹出一个列表框，列出全部选项。其作用与列表框类似。

7）编辑框（Edit Box）。编辑框可供用户输入数据用。在编辑框内可提供默认的输入值，随后用户可以进行修改。

8）滑动条（Slider）。滑动条可以用图示的方式输入指定范围内的一个数量值。用户可以移动滑动条中间的游标来改变它对应的参数。

9）静态文本（Static Text）。静态文本是在对话框中显示的说明性文字，一般用来给用户做必要的提示。因为用户不能在程序执行过程中改变文字说明，所以将其称为静态文本。

2. 菜单（Uimenu）

在 Windows 程序中，菜单是一个必不可少的程序元素。通过使用菜单，可以把对程序的各种操作命令非常规范有效地表示给用户，单击菜单项程序将执行相应的功能。菜单对象是图形窗口的子对象，所以菜单设计总在某一个图形窗口中进行。MATLAB 的各个图形窗口有自己的菜单栏，包括 File、Edit、View、Insert、Tools、Windows 和 Help 共 7 个菜单项。

3. 快捷菜单（Uicontextmenu）

快捷菜单是右击某对象时在屏幕上弹出的菜单。这种菜单出现的位置是不固定的，而且总是和某个图形对象相联系。

4. 按钮组（Uibuttongroup）

按钮组是一种容器，用于对图形窗口中的单选按钮和双位按钮集合进行逻辑分组。例如，要分出若干组单选按钮，在一组单选按钮内部选中一个按钮后不影响在其他组内继续选择。按钮中的所有控件，其控制代码必须写在按钮组的 SelectionChangeFcn 响应函数中，而不是控件的回调函数中。按钮组会忽略其中控件的原有属性。

5. 面板（Uipanel）

面板对象用于对图形窗口中的控件和坐标轴进行分组，便于用户对一组相关的控件和坐标轴进行管理。面板可以包含各种控件，如按钮、坐标系及其他面板等。面板中的控件与面板之间的位置为相对位置，当移动面板时，这些控件在面板中的位置不改变。

6. 工具栏（Uitoolbar）

通常情况下，工具栏包含的按钮和窗体菜单中的菜单项相对应，以便对应用程序的常用功能和命令进行快速访问。

7. 表（Uitable）

用表格的形式显示数据。

9.2　图形用户界面设计

本节先简单介绍图形用户界面（GUI）的基本概念，然后说明 GUI 开发环境 GUIDE 及其组成部分的用途和使用方法。

GUI 创建包括界面设计和控件编程两部分，主要步骤如下。

1）通过设置 GUIDE 应用程序的选项来运行 GUIDE。

2）使用界面设计编辑器进行界面设计。

3）编写控件行为相应控制代码（回调函数）。

GUI 设计向导（guide）的调用方式有 3 种。

1）在 MATLAB 主工作窗口中输入 guide 命令。

2）单击 MATLAB 主工作窗口上方工具栏中的 图标。

3）在 MATLAB 主工作窗口"文件"菜单中，选择"新建"→"GUI"命令。

9.2.1 GUIDE 界面

GUIDE 界面如图 9-1 所示。

GUIDE 界面主要有两种功能：一种是创建新的 GUI，另一种是打开已有的 GUI（见图 9-2）。

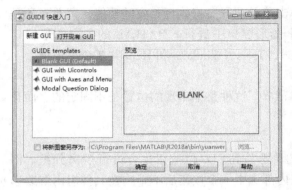

图 9-1 GUIDE 界面

图 9-2 打开已有的 GUI

从图 9-1 可以看到，GUIDE 提供了 4 种图形用户界面，分别是：空白 GUI（Blank GUI），控制 GUI（GUI with Uicontrols），图像与菜单 GUI（GUI with Axes and Menu）和对话框 GUI（Modal Question Dialog）。

其中，后 3 种 GUI 是在空白 GUI 基础上预置了相应的功能供用户直接选用。

GUIDE 界面的下方是"将新图形另存为"工具条，用来选择 GUI 文件的保存路径。

在 GUIDE 界面中选择"Blank GUI"，进入 GUI 的编辑界面，如图 9-3 所示。

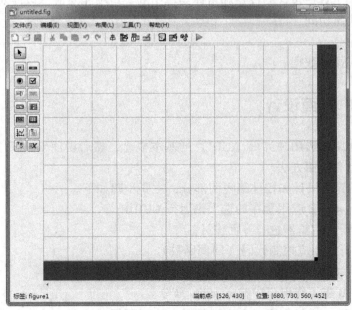

图 9-3 GUI 的编辑界面

9.2.2 GUIDE 控件

在用户界面上有各种各样的控件，利用这些控件可以实现有关的控制。MATLAB 提供了用于建立控件对象的函数 uicontrol，其调用格式如下。

```
c = uicontrol
c = uicontrol( Name,Value,⋯)
c = uicontrol( parent)
c = uicontrol( parent,Name,Value,⋯)
uicontrol( c)
```

在命令行输入 uicontrol，弹出如图 9-4 所示的图形界面。同样地，在命令行输入 figure，弹出如图 9-5 所示的图形编辑窗口。

图 9-4　图形界面

图 9-5　图形编辑窗口

在 GUIDE 中提供了多种控件，用于实现用户界面的创建工作，通过不同组合，形成界面设计，如图 9-6 所示。

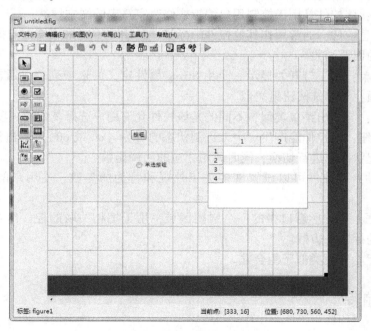

图 9-6　界面设计

用户界面控件分布在 GUI 界面编辑器左侧，其作用见表 9-1。

表 9-1 GUI 控件

图　标	作　用	图　标	作　用
▶	选择模式	OK	按钮控件
▭	滚动条控件	◉	单选按钮
☑	复选框控件	⊡	文本框控件
⊞	文本信息控件	⊟	弹出菜单控件
▤	列表框控件	⊡	开关按钮控件
▦	表格控件	⊠	坐标轴控件
⊟	组合框控件	⊟	按钮组控件
⊠	ActiveX 控件		

下面简要介绍其中几种控件的功用和特点。

1）按钮：通过单击可以实现某种行为，并调用相应的回调子函数。

2）滚动条：通过移动滚动条改变指定范围内的数值输入，滚动条的位置代表用户输入的数值。

3）单选按钮：执行方式与按钮相同，通常以组为单位，且组中各按钮是一种互斥关系，即任何时候一组单选按钮中只能有一个有效。

4）复选框：与单选按钮类似，不同的是同一时刻可以有多个复选框有效。

5）文本框：该控件是用于控制用户编辑或修改字符串的文本域。

6）文本信息控件：通常用作其他控件的标签，且用户不能采用交互方式修改其属性值或调用其响应的回调函数。

7）弹出菜单：用于打开并显示一个由 String 属性定义的选项列表，通常用于提供一些相互排斥的选项，与单选按钮组类似。

8）列表框：与弹出菜单类似，不同的是该控件允许用户选择其中的一项或多项。

9）开关按钮：该控件能产生一个二进制状态的行为（on 或 off）。单击该按钮可以使按钮在下陷或弹起状态间进行切换，同时调用相应的回调函数。

10）坐标轴：该控件可以设置许多关于外观和行为的参数，使用户的 GUI 可以显示图片。

11）组合框：是图形窗口中的一个封闭区域，用于把相关联的控件组合在一起。该控件可以有自己的标题和边框。

12）按钮组：作用类似于组合框。

9.3　控件编程

GUI 图形界面的功能，主要通过一定的设计思路与计算方法，由特定的程序来实现。为了实现程序的功能，还需要在运行程序前编写代码，完成程序中变量的赋值、输入/输出、计算及绘图功能。

9.3.1　菜单设计

建立自定义的用户菜单的函数为 uimenu，其调用格式如下。

1）m =uimenu：创建一个现有的用户界面的菜单栏。

2）m =uimenu(Name,Value,…)：创建一个菜单并指定一个或多个菜单属性名称和值。

3）m =uimenu(parent)：创建一个菜单并指定特定的对象。

4）m =uimenu(parent,Name,Value,…)：创建了一个特定的对象并指定一个或多个菜单属性和值。

在命令行窗口中输入下面的命令。

```
>>uimenu
```

执行上面的命令后，弹出如图 9-7 所示的图形界面。

创建图形窗口：

```
H_fig=figure                    %显示图 9-7 所示的图形窗口
```

隐去标准菜单使用命令：

```
set( H_fig, 'MenuBar', 'none')      %显示图 9-8 所示的图形窗口
```

恢复标准菜单使用命令：

```
set( gcf, 'MenuBar', ' figure')       %显示图 9-7 所示的图形窗口
```

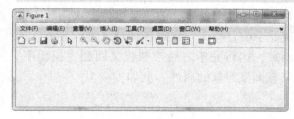

图 9-7　图形界面显示

图 9-8　隐藏菜单栏显示

【例 9-1】创建一个上下文菜单。

解：MATLAB 程序如下。

```
>> f = figure;
%创建用户界面上下文菜单
cmenu = uicontextmenu;
%创建当前菜单
fontmenu = uimenu( cmenu,'label','Font') ;
%创建子菜单
font1 =uimenu( fontmenu,'label','Helvetica',...
            'Callback','disp( "HelvFont")') ;
font2 =uimenu( fontmenu,'label',...
            'Monospace','Callback','disp( "MonoFont")') ;
f. UIContextMenu = cmenu;
```

执行上面的命令后，弹出如图 9-9 所示的图形界面。

图 9-9　添加上下文菜单后的图形窗口

9.3.2　回调函数

在图形用户界面中，每一控件均与一或数个函数或程序相关，此相关程序称为回调函数（callbacks）。每一个回调函数可以经由按钮触动、鼠标单击、项目选定、光标滑过特定控件等动作后产生的事件下执行。

1. 事件驱动机制

面向对象的程序设计是以对象感知事件的过程为编程单位，这种程序设计的方法称为事件驱动编程机制。每一个对象都能感知和接收多个不同的事件，并对事件做出响应（动作）。当事件发生时，相应的程序段才会运行。

事件是由用户或操作系统引发的动作。事件发生在用户与应用程序交互时，例如，单击控件、键盘输入、移动鼠标等都是一些事件。每一种对象能够"感受"的事件是不同的。

2. 回调函数

回调函数就是处理该事件的程序，它定义对象怎样处理信息并响应某事件，该函数不会主动运行，是由主控程序调用的。主控程序一直处于前台操作，它对各种消息进行分析、排队和处理，当控件被触发时去调用指定的回调函数，执行完毕之后控制权又回到主控程序。gcbo 为正在执行回调的对象句柄，可以使用它来查询该对象的属性。例如：

```
get(gcbo,'Value')      %获取回调对象的状态
```

MATLAB 将 Tag 属性作为每一个控件的唯一标识符。GUIDE 在生成 M 文件时，将 Tag 属性作为前缀，放在回调函数关键字 Callback 前，通过下画线连接而成函数名。例如：

```
functionpushbuttonl Callback(hObject,eventdata,handles)
```

其中，hObject 为发生事件的源控件，eventdata 为事件数据，handles 为一个结构体，保存图形窗口中所有对象的句柄。

3. handles 结构体

GUI 中的所有控件使用同一个 handles 结构体，handles 结构体中保存了图形窗口中所有对象的句柄，可以使用 handles 获取或设置某个对象的属性。例如，设置图形窗口中静态文本控件 textl 的文字为 "Welcome"。

```
set(handles·textl,'strlng','Welcome')
```

GUIDE 将数据与 GUI 图形关联起来，并使之能被所有 GUI 控件的回调使用。GUI 数据常被定义为 handles 结构，GUIDE 使用 guidata 函数生成和维护 handles 结构体，设计者可以根据需要添加字段，将数据保存到 handles 结构的指定字段中，可以实现回调间的数据共享。

例如，要将向量 X 中的数据保存到 handles 结构体中，按照下面的步骤进行操作。

1）给 handles 结构体添加新字段并赋值，即

handles. mydata＝X；

2）用 guidata 函数保存数据，即

guidata（hObject,handles）

其中，hObject 是执行回调的控件对象的句柄。

要在另一个回调中提取数据，使用下面的命令：

X＝ handles. Mydata；

【例 9-2】利用图形界面设计显示提示对话框。

解： MATLAB 程序如下。

```
>> guide
```

弹出如图 9-10 所示的 GUI 模板选择对话框，选择"Blank GUI（Default）"选项，单击
"确定"按钮，进入 GUI 图形窗口，进行界面设计。

在弹出的图形窗口中选择"按钮"，放置到设计界面，选择该控件后右击，在弹出的快
捷菜单中选择"属性检查器"命令，在弹出的对话框中设置"string"栏为"关闭"，结果
如图 9-11 所示。

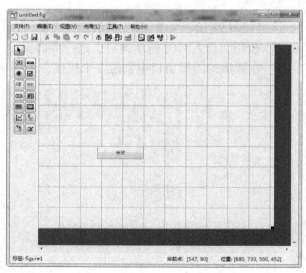

图 9-10　GUIDE 快速入门　　　　　　　　　　图 9-11　界面设计结果

在命令行窗口中输入下面的程序。

```
>>choice＝questdlg('是否需要关闭对话框？', '关闭对话框', 'Yes', 'No', 'No')；
%弹出如图 9-12 所示的图形界面
switch choice,
    case'Yes'
```

```
            delete( handle. figure1) ;
            return
      case'No'
            return
end
%编写变量对应关系代码
```

图 9-12　创建提示对话框

9.4　操作实例——演示三维曲面操作

演示生成三维螺旋曲面并进行旋转、缩放、插入灯光等操作。

操作步骤

1. 界面布置

1) 在命令行窗口中输入下面的命令。

```
>> guide
```

弹出如图 9-10 所示的 GUI 模板选择对话框，选择"Blank GUI（Default）"选项，单击"确定"按钮，进入 GUI 图形窗口，进行界面设计。

2) 在弹出的图形窗口中创建 3 个按钮，如图 9-13 所示。

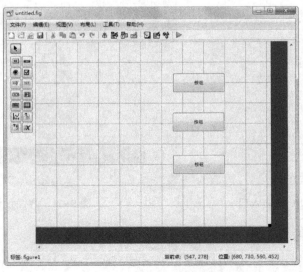

图 9-13　创建按钮控件

3) 单击工具栏中的"属性检查器"按钮▣，根据需要在弹出的对话框中的"String"文本框中修改控件名称为"缩放""旋转""灯光"，如图 9-14 所示。图形界面分布结果如

图 9-15 所示。

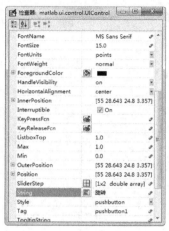

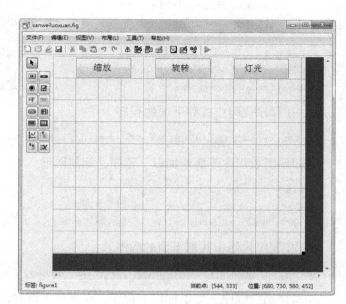

图 9-14　按钮控件属性设置　　　　　　图 9-15　图形界面分布

选择菜单栏中的"文件"→"另存为"命令,将图形显示界面保存为"sanweiluoxuan. flg",
系统自动生成以". flg""". m"为后缀的文件。

2. 程序编辑

在命令行窗口中输入下面的程序。

在"sanweiluoxuan. flg"图形界面中,单击工具栏中的"编辑器"按钮◙,打开"san-
weiluoxuan. m"文件,在程序代码中找到下面的程序。

1)在主函数程序代码中找到下面的程序。

```
functionsanweiluoxuan_OpeningFcn(hObject, eventdata, handles, varargin)
```

在回调函数程序下面添加以下程序。

```
t1 = [0:0.1:0.9];
t2 = [1:0.1:2];
r = [t1,-t2+2];
[x,y,z] = cylinder(r,30);
cy = surf(x,y,z);
handles. cylinder = cy;
handles. current_data = handles. cylinder;
```

2)在程序代码中找到下面的程序。

```
function pushbutton1_Callback(hObject, eventdata, handles)
```

在回调函数程序下面添加以下程序,旋转视图。

```
%创建启动动画
axis off
fori = 1:20
```

```
            view(10 * (i-1),20+10 * i)                    %改变视点
            M(i)= getframe;                               %将图形保存到 M 矩阵
end
movie(M,1)                                                %播放画面 1 次
handles. current_data = handles. cylinder;
cylinder(handles. current_data)                          %显示螺旋曲面
```

3）在程序代码中找到下面的程序。

```
function pushbutton2_Callback(hObject, eventdata, handles)
```

在回调函数程序下面添加以下程序，缩放图形。

```
axis off
zoom on;                          % 改变比例
cylinder(handles. current_data)   %显示螺旋曲面
```

4）在程序代码中找到下面的程序。

```
function pushbutton3_Callback(hObject, eventdata, handles)
```

在回调函数程序下面添加以下程序，在图形上改变灯光。

```
axis off
light, lighting flat
fori = 1:20
    light('position',[-1,0. 5+i,1],'style','local','color','w')   % 改变灯光位置
    M(:,i)= getframe;                                             %将图形保存到 M 矩阵
end
movie(M,1)                                                        %播放画面 1 次
handles. current_data = handles. cylinder;
cylinder(handles. current_data)                                  %显示螺旋曲面
```

3. 程序运行

单击"运行"按钮▷，系统打开以".flg"".m"为后缀的文件，如图 9-16 所示为"sanweiluoxuan. flg"的图形运行界面。

单击"缩放"按钮，缩放生成的三维螺旋曲面，如图 9-17 所示。

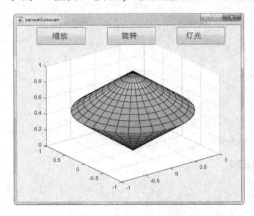

图 9-16　显示运行界面

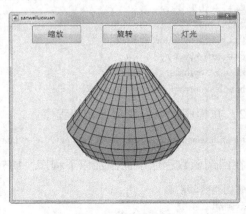

图 9-17　缩放图形

单击"旋转"按钮，旋转生成的三维螺旋曲面，如图 9-18 所示。

单击"灯光"按钮，在生成的三维螺旋曲面上显示灯光，如图 9-19 所示。

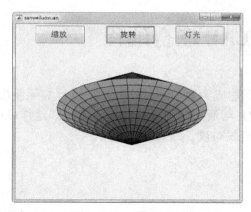

图 9-18　旋转图形

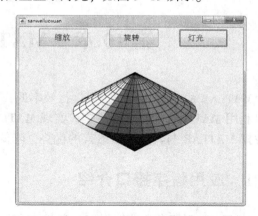

图 9-19　加载灯光的图形

9.5　课后习题

1. 什么是图形用户界面，它有什么特点？
2. 在 MATLAB 中图形用户界面有哪些控件，各有什么作用？
3. GUI 设计有哪几种设计方法？
4. GUI 设计的步骤是什么？
5. 重建菜单栏命令。
6. 设计如图 9-20 所示的二阶系统阶跃响应曲线。

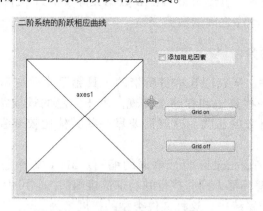

图 9-20　二阶系统阶跃响应曲线界面

7. 绘制函数曲线 $x = \sin(t)\cos(t)$, $(-\pi, \pi)$ 并控制曲线颜色。

第 10 章 MATLAB 联合编程

MATLAB 的编程效率高，但运行效率低，不能成为通用的软件开发平台。实际使用中，可以利用 MATLAB 的应用程序接口实现 MATLAB 与通用编程平台的混合编程。这样可以充分发挥 MATLAB 与其他高级语言的优势，降低开发难度，缩短编程时间。

10.1 应用程序接口介绍

MATLAB 不仅自身功能强大、环境友善、能十分有效地处理各种科学和工程问题，而且具有极好的开放性，其开放性表现在以下两方面。

1）MATLAB 适应各种科学、专业研究的需要，提供了各种专业性的工具包。

2）MATLAB 为实现与外部应用程序的"无缝"结合，提供了专门的应用程序接口（Application Program Interface，API）。

MATLAB 的 API 包括以下 3 部分内容。

1）MATLAB 解释器能识别并执行的动态链接库（MEX 文件），使得可以在 MATLAB 环境下直接调用 C 语言或 FORTRAN 等语言编写的程序段。

2）MATLAB 计算引擎函数库，使得可以在 C 语言或 FORTRAN 等语言中直接使用 MAT-LAB 的内置函数。

3）MAT 文件应用程序，可读写 MATLAB 数据文件（MAT 文件），以实现 MATLAB 与 C 语言或 FORTRAN 等语言程序之间的数据交换。

10.1.1 MEX 文件简介

在大规模优化问题中，MATLAB 本身所带的工具箱已十分完善，但是有些特殊的问题需要用户通过自己设计一些算法和程序来实现。由于问题的规模很大，单纯依靠 MATLAB 本身将会给计算机带来巨大的压力，这就需要靠一些其他比较节省系统空间的高级语言的帮助。

MEX 是 MATLAB 和 Executable 两个单词的缩写。MEX 文件是一种具有特定格式的文件，是能够被 MATLAB 解释器识别并执行的动态链接函数。它可由 C 语言等高级语言编写。在 Microsoft Windows 操作系统中，这种文件类型的扩展名为 .dll。

MEX 文件是在 MATLAB 环境下调用外部程序的应用接口，通过 MEX 文件，可以在 MATLAB 环境下调用由 C 语言等高级语言编写的应用程序模块。在 MATLAB 中调用 MEX 文件也相当方便，其调用方式与使用 MATLAB 的 M 文件相同，只需要在命令行窗口中输入相应的 MEX 文件名即可。同时，在 MATLAB 中 MEX 文件的调用优先级高于 M 文件，所以，即使 MEX 文件同 M 文件重名，也不会影响 MEX 文件的执行。更重要的是，在调用过程中并不对所调用的程序进行任何的重新编译处理。

由于 MEX 文件本身不带有 MATLAB 可以识别的帮助信息，在程序设计的过程中都会为 MEX 文件另外建立一个 M 文件，用来说明 MEX 文件。一般情况下，在实际操作中，为 MEX 文件建立同名的 M 文件，这样在查询所使用的 MEX 文件的帮助时，就可以通过 MATLAB 的帮助系统查看同名的 M 文件以获取帮助信息。

10.1.2　mx-库函数和 MEX 文件的区别

编写 MEX 文件源程序时，要用到两类 API 库函数，即 mx-库函数和 mex-库函数，分别以 mx 和 mex 为前缀，并且分别完成不同的功能。

1）mx-库函数　是 MATLAB 外部程序接口函数库中提供的一系列函数，它们均以 mx 为前缀，主要功能是为用户提供了一种在 C 语言等高级程序设计语言中创建、访问、操作和删除 mxArray 结构体对象的方法。在 C 语言中，mxArray 结构体用于定义 MATLAB 矩阵，即 MATLAB 唯一能处理的对象。

2）mex-库函数　是 MATLAB 外部程序接口函数库中提供的一系列函数，它们均以 mex 为前缀，主要功能是与 MATLAB 环境进行交互，从 MATLAB 环境中获取必要的阵列数据，并且返回一定的信息，包括文本提示、数据阵列等。这里必须注意，以 mex 为前缀的函数只能用于 MEX 文件中。

有关这些库函数的详细说明可参阅 MATLAB 的 help 文件。

10.1.3　MAT 文件

MAT 文件是 MATLAB 数据存储的默认文件格式，在 MATLAB 环境下生成的数据存储文件，都是以 .mat 作为扩展名。MAT 文件由文件头、变量名和变量数据 3 部分组成。其中，MAT 文件的文件头又是由 MATLAB 的版本信息、使用的操作系统平台和文件的创建时间 3 部分组成的。

在 MATLAB 中，用户可以直接使用 save 命令存储在当前工作内存区中的数据，把这些数据存储成二进制的 MAT 文件，load 则执行相反的操作，它把磁盘中的 MAT 文件数据读取到 MATLAB 工作区中，而且 MATLAB 提供了带 mat 前缀的 API 库函数，这样用户就能够比较容易地对 MAT 文件进行操作。

值得注意的是，对 MAT 文件的操作与所用的操作系统无关，这是因为在 MAT 文件中包含了有关操作系统的信息，在调用过程中，MAT 文件本身会进行必要的转换，这也表现出了 MATLAB 的灵活性和可移植性。

10.2　MEX 文件的编辑与使用

作为应用程序接口的组成部分，MEX 文件在 MATLAB 与其他应用程序设计语言的交互程序设计中发挥着重要的作用。

10.2.1　编写 C 语言 MEX 文件

C 语言 MEX 文件，就是基于 C 语言编写的 MEX 文件，是 MATLAB 应用程序接口的一个重要组成部分。通过它不但可以将现有的使用 C 语言编写的函数轻松地引入 MATLAB 环

境中使用，避免了重复的程序设计，而且可以使用 C 语言为 MATLAB 定制用于特定目的的
函数，以完成在 MATLAB 中不易实现的任务，同时还可以使用 C 语言提高 MATLAB 环境中
数据的处理效率。

下面通过一个实例来演示 C MEX 文件的编写过程。

【例】 传递一个数量。

解：这是一个 C 语言程序，用来求解一个数量的 2 倍。示例代码如下。

```
#include <math. h>
voidtimestwo(double y[ ], double x[ ])
{
   y[0] = 2.0 * x[0];
   return;
}
```

下面是相应的 MEX-文件。

```
#include "mex. h"

voidtimestwo(double y[ ], double x[ ])
{
   y[0] = 2.0 * x[0];
}

voidmexFunction(int nlhs, mxArray * plhs[ ], int nrhs,
                constmxArray * prhs[ ])
{
   double * x, * y;
   intmrows, ncols;

   / * Check for proper number of arguments. * /
   if (nrhs != 1) {
     mexErrMsgTxt("One input required. ");
   } else if (nlhs > 1) {
     mexErrMsgTxt("Too many output arguments");
   }

   / * The input must be a noncomplex scalar double. * /
   mrows = mxGetM(prhs[0]);
   ncols = mxGetN(prhs[0]);
   if (!mxIsDouble(prhs[0]) || mxIsComplex(prhs[0]) ||
       !(mrows == 1 && ncols == 1)) {
     mexErrMsgTxt("Input must be a noncomplex scalar double. ");
   }

   / * Create matrix for the return argument. * /
   plhs[0] = mxCreateDoubleMatrix(mrows, ncols, mxREAL);
   / * Assign pointers to each input and output. * /
   x = mxGetPr(prhs[0]);
```

```
    y = mxGetPr(plhs[0]);

    /* Call thetimestwo subroutine. */
timestwo(y,x);
}
```

从上面的示例程序可以看出，C 语言编写的 MEX 文件与一般的 C 语言程序相同，没有复杂的内容和格式。较为独特的是，在输入参数中出现的一种新的数据类型 mxArray，该数据类型就是 MATLAB 矩阵在 C 语言中的表述，是一种已经在 C 语言头文件 matrix.h 中预定义的结构类型，所以，在实际编写 MEX 文件过程中，应当在文件开始声明这个头文件，否则，在执行过程中会报错。

在 MATLAB 命令行窗口中输入下述命令，进行编译和链接。

```
>> mextimestwo.c
```

这样，就可以把上述文件当作 MATLAB 中的 M 文件一样调用了。

```
>> x = 2;
>> y =timestwo(x)
y =
    4
```

10.2.2　编写 FORTRAN 语言 MEX 文件

与 C 语言相同，FORTRAN 语言也可以实现与 MATLAB 的通信。

同 C 语言编写的 MEX 文件相比，FORTRAN 语言在数据的存储上表现得更为简单一些，这是因为 MATLAB 的数据存储方式与 FORTRAN 语言相同，均是按列存储，所以，编制的 MEX 文件在数据存储上相对简单（C 语言的数据存储是按行进行的）。但是，在 C 语言中使用 mxArray 数据类型表示的 MATLAB 的数据在 FORTRAN 中没有显性地定义该数据结构，且 FORTRAN 语言没有灵活的指针运算，所以，在程序的编制过程中是通过一种所谓的"指针"类型数据完成 FORTRAN 语言与 MATLAB 之间的数据传递。

MATLAB 将需要传递的 mxArray 数据指针保存为一个整数类型的变量，例如在 mexFunction 入口函数中声明的 prhs 和 plhs，然后在 FORTRAN 程序中通过能够访问指针的 FORTRAN 语言 mx 函数访问 mxArray 数据，获取其中的实际数据。

FORTRAN 语言编写的 MEX 文件与普通的 FORTRAN 程序也没有特别的差别。同 C 语言编写的 MEX 文件相同，FORTRAN 语言编写的 MEX 文件也需要入口程序，并且入口程序的参数与 C 语言完全相似。

本节不对 FORTRAN 语言的 MEX 文件作实例分析，但是值得注意的是，在 FORTRAN 语言中的函数调用必须加以声明，而不能像 C 语言那样仅仅给出头文件即可，所以，在使用 mx 函数或 mex 函数时应做出适当的声明。

10.3　MATLAB 与 C/C++语言联合编程

MATLAB 作为一款优秀的数学工具软件，很早就具有了与 C 语言进行交互操作的功能。

这种操作不仅包括数据本身的传递，还包括相互之间的函数调用等深层次处理。MATLAB与 C/C++语言的联合编程有创建独立应用程序和创建动态链接库（DLL）两种形式。这两种方式都被集成在了 Deployment Tool 中。

10.3.1　独立应用程序

创建独立应用程序是将编写的 M 文件打包并编译出 C 代码的函数，这样该 M 文件就可以在 C/C++语言环境中调用了。创建的独立应用程序包含有 M 文件、MEX 文件、C/C++代码文件等 3 部分。

在命令行窗口中输入"deploytool"命令，弹出如图 10-1 所示的"MATLAB Compiler"对话框中，选择"Library Compiler"选项，弹出如图 10-2 所示的"MATLAB Compiler"对话框。

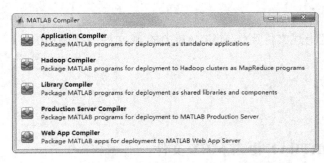

图 10-1　"MATLAB Compiler"对话框

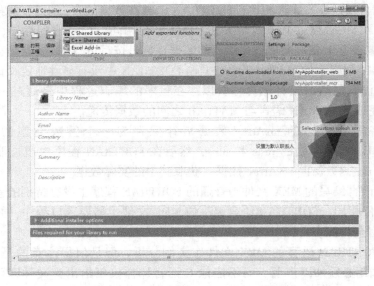

图 10-2　"MATLAB Compiler"对话框

独立应用程序不仅可以将 M 文件打包供 C 语言调用，还可以将 M 文件和 C/C++代码文件一起打包，实现以下功能。

1）继承 C/C++函数以供调用。

2）实现对 C/C++函数输出结果的操作。

要将 M 文件和 C/C++代码文件混合编译，在"TYPE"下拉列表中选择"C Shared Library"或"C++ Shared Library"，在"Exported Functions"区域单击"Add exported function"按钮，添加 M 文件。

在"Library information"区域输入项目名称，单击"Settings"按钮，弹出"Settings"对话框，指定项目保存路径，通常为工作目录。

单击"MATLAB Compiler"对话框底部的"Add Class（添加类）"，可以添加需要在.NET 项目中访问的类。

在"TYPE（类型）"下选择"C++ Shared Library"，MATLAB 编译器 SDK 能够从 MATLAB 函数中创建 C/C++共享库，如图 10-3 所示。在"API selection（选择应用程序界面）"选项下显示创建共享库有 3 个。

1）Create all interface：创建使用 mxArray API 的 C 共享库。

2）Create interface that uses the mwArray API：创建使用 mwArray API 的 C++共享库。

3）Create interface that uses the MATLAB Data API：创建使用 MATLAB 数据 API 的 C++共享库。

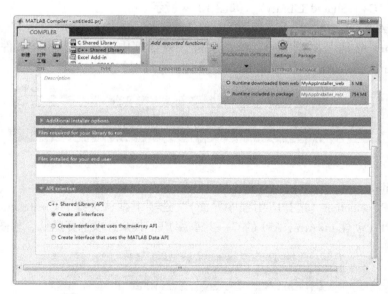

图 10-3　C/C++共享库

10.3.2　面向 C/C++的 DLL

另一个将 MATLAB 和 C/C++联合起来的方式是创建动态链接库 DLL，以便在 C/C++环境直接调用。这种方式和 MATLAB 与.NET 联合编程的原理是一致的。

要创建面向 C/C++的 DLL，在"MATLAB Compiler"对话框的"Type"区域选择"C Shared Library"或者"C++ Shared Library"即可。

编译之后，将生成一个包装文件、一个头文件和一个输出清单。头文件包含所有被编译的 M 文件的输入点，输出清单包含 DLL 的所有输出参数。

10.4 操作实例——创建矩阵 C++共享库

本节编写矩阵加、乘、取特征值的 M 函数文件，将它们编译成面向 C++语言的 DLL。

1. 建立 M 函数文件 addmatrix.m、multiplymatrix.m、eigmatrix.m

```
function a = addmatrix(a1, a2)
a = a1 + a2;
function m = multiplymatrix(a1, a2)
m =  a1 * a2;
function e = eigmatrix(a1)
e = eig(a1);
```

2. 创建组件

1）在 MATLAB 命令行窗口中输入"deploytool"，打开"MATLAB Compiler"对话框，如图 10-1 所示。

2）单击"Library Compiler"选项，打开"MATLAB Compiler"对话框，在"TYPE"下拉列表中选择"C++ Shared Library"，如图 10-4 所示。

3）在"MATLAB Compiler"对话框中单击"EXPORTED FUNCTIONS"区域的"Add exported function"按钮，在弹出的"添加文件"对话框中选择需要的类文件 addmatrix.m、multiplymatrix.m、eigmatrix.m，如图 10-4 所示。

图 10-4　类操作

4）在"Library information"区域输入项目名称"libmatrix"。

5）在"API selection（选择应用程序界面）"选项下默认选择"Create interface that uses the mwArray API（创建 mwArray API 的 C++共享库）"；其余选项选择默认，如图 10-5 所示。

图 10-5　设置属性

6）单击"Package"按钮，即可开始打包，打包完成后显示如图 10-6 所示的界面，表示打包成功。

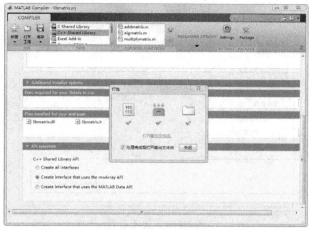

图 10-6　打包完成

部署过程完成后，检查生成的输出。源文件下生成名为 libmatrix 的文件夹，其中包括 3 个文件夹和一个日志文件。

- for_redistribution：包含安装应用程序和 MATLAB 运行时的文件的文件夹。
- for_test：包含 MCC 创建的所有工件的文件夹，例如，二进制文件和 JAR、头文件和特定目标的源文件。使用这些文件来测试安装。
- for_redistribution_files_only：包含重新分发应用程序所需文件的文件夹。将这些文件分发给机器上安装了 MATLAB 或 MATLAB 运行时的用户。
- packinglog. txt：由 MATLAB 编译器生成的日志文件。

3. 创建 CPP 文件

1）打开 Microsft Visual Studio 2017，选择菜单栏中的"文件"→"新建"→"项目"命令，弹出如图 10-7 所示的"新建项目"对话框，选择"Visual C++"→"Windows 桌面"→"Windows 桌面向导"选项，创建应用程序"CoreFoundation"。

图 10-7　"新建项目"对话框

2）单击"确定"按钮，在弹出的菜单中选择"控制台应用程序（.exe）"，选择"空项目"复选框，如图 10-8 所示。

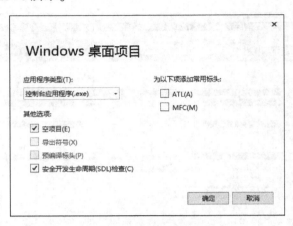

图 10-8 选项设置

3）单击"确定"按钮，进入编辑环境，在"解决方案资源管理器"属性面板中显示项目文件"CoreFoundation"，如图 10-9 所示。

图 10-9 创建项目文件

在默认目录下自动创建 CoreFoundation 文件夹，将生成的 libmatrix.h，libmatrix.lib 和 libmatrix.dll 复制到当前项目文件夹下。

4）在"解决方案资源管理器"属性面板"源文件"上右击，在弹出的快捷菜单中选择"添加"→"新建项"命令，弹出 10-10 所示的对话框，在新建项中选择"C++文件（.cpp）"，文件名为 Matrix_legacy.CPP。

5）单击"添加"按钮，在编辑环境中显示添加 cpp 文件，输入程序，在工具栏选择配置信息为"x64"，如图 10-11 所示。

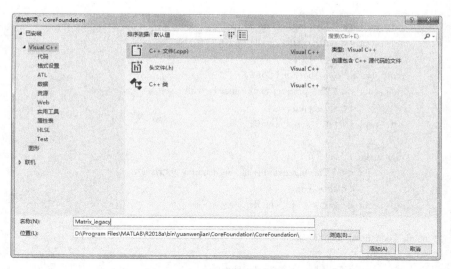

图 10-10 "添加新项"对话框

```cpp
// Include the library specific header file as generated by the
// MATLAB Compiler SDK
#include "libmatrix. h"

int run_main(intargc, const char * * argv)
{
    if( !libmatrixInitialize( ) )
    {
        std::cerr << "Could not initialize the library properly"
                << std::endl;
        return -1;
    }
    else
    {
        try
        {
            // Create input data
            double data[ ] = {1,2,3,4,5,6,7,8,9};
            mwArray in1(3, 3, mxDOUBLE_CLASS, mxREAL);
            mwArray in2(3, 3, mxDOUBLE_CLASS, mxREAL);
            in1. SetData(data, 9);
            in2. SetData(data, 9);

            // Create output array
            mwArray out;

            // Call the library function
            addmatrix(1, out, in1, in2);

            // Display the return value of the library function
```

```
                    std::cout << "The sum of the matrix with itself is:" << std::endl;
                    std::cout << out << std::endl;

                    multiplymatrix(1, out, in1, in2);
                    std::cout << "The product of the matrix with itself is:"
                              << std::endl;
                    std::cout << out << std::endl;

                    eigmatrix(1, out, in1);
                    std::cout << "The eigenvalues of the original matrix are:"
                              << std::endl;
                    std::cout << out << std::endl;
                }
            catch (constmwException& e)
            {
                    std::cerr << e.what() << std::endl;
                    return -2;
            }
            catch (...)
            {
                    std::cerr << "Unexpected error thrown" << std::endl;
                    return -3;
            }
            // Call the application and library termination routine
            libmatrixTerminate();
        }
        // mclTerminateApplication shuts down the MATLAB Runtime.
        // You cannot restart it by calling mclInitializeApplication.
        // Call mclTerminateApplication once and only once in your application.
        mclTerminateApplication();
        return 0;
}


// The main routine. On the Mac, the main thread runs the system code, and
// user code must be processed by a secondary thread. On other platforms,
// the main thread runs both the system code and the user code.
int main(intargc, const char * * argv)
{
        // Call application and library initialization. Perform this
        // initialization before calling any API functions or
        // Compiler SDK-generated libraries.
        if (!mclInitializeApplication(nullptr, 0))
        {
                std::cerr << "Could not initialize the application properly"
                          << std::endl;
                return -1;
        }
```

```
returnmclRunMain ( static_cast<mclMainFcnType> ( run_main ) , argc , argv ) ;
}
```

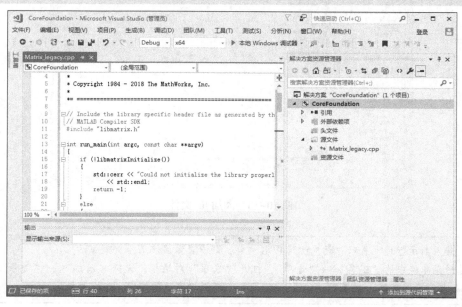

图 10-11   完成 cpp 文件编辑

4. 环境参数设置

1）选择菜单栏中的"项目"→"属性"命令，在"CoreFoundation 属性页"对话框中选择"VC++目录"选项，设置包含目录"X：\Program Files\MATLAB\R2018a\extern\include"和库目录"X：\Program Files\MATLAB\R2018a\extern\lib\win64\microsoft"，如图 10-12 所示。

图 10-12   "CoreFoundation 属性页"对话框

2）选择"链接器"→"输入"选项，再选择"附加依赖项"，输入库目录下的所有 lib 文件的名字，输入"libmatrix.lib；libmx.lib；libmex.lib；mclmcr.lib；mclmcrt.lib"（库文件间必须用分号隔开），如图 1-13 所示，单击"确定"按钮，关闭对话框。

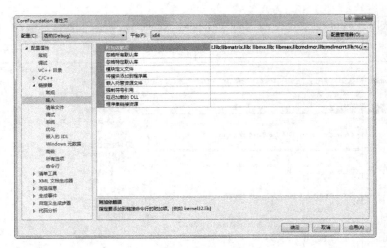

图 10-13　添加 lib 文件

📖 **提示**：若后期运行过程显示"无法找到 PDB 文件，则设置调试信息，步骤如下：

选择菜单栏中的"工具"→"选项"，打开"选项"对话框，选择"调试"→"符号"，再选择"MicroSoft 符号服务器"复选框，如图 1-14 所示，单击"确定"按钮，完成设置。

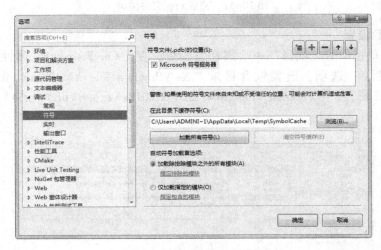

图 10-14　"选项"对话框

5. 运行程序

选择菜单栏中的"生成"→"生成解决方案"命令，在"输出"面板中显示运行信息，最后显示生成成功，如图 10-15 所示。

📖 **提示**：在 MATLAB 安装路径中搜索 mclmcrrt. dll，复制该文件到 C:/Program Files/MATLAB/R2018a/bin/win64。

单击工具栏中的"启动"按钮▶，运行程序，调用的结果如下。

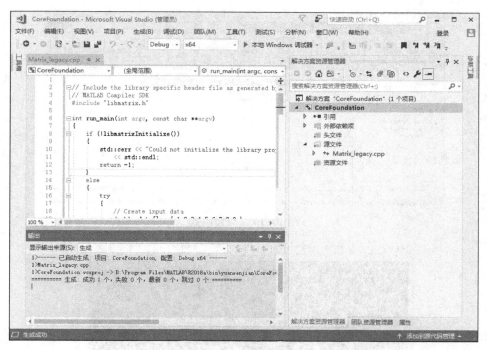

图 10-15　生成解决方案

```
The value of added matrix is:
2        8        14
4        10       16
6        12       18
The value of the multiplied matrix is:
30       66       102
36       81       126
42       96       150
Theeigenvalues of the first matrix are:
16. 1168
-1. 1168
-0. 0000
```

6. 要编译和链接应用程序

复制"＼CoreFoundation＼CoreFoundation＼matrix＿legacy.cpp"，粘贴到"libmatrix＼for＿testing"文件夹中。

打开 MATLAB 2018，将工作目录设置为"libmatrix＼for_testing"文件夹，在命令行窗口调用 mbuild 函数，如图 10-16 所示，显示编译结果，在该目录下生成 Matrix_legacy.exe文件。

```
mbuild matrix_legacy. cpp libmatrix. lib
```

在"libmatrix＼for_testing"文件夹下运行 Matrix_legacy.exe 文件，显示如图 10-17 所示的运行结果。

图 10-16　编译函数

图 10-17　运行结果

10.5　课后习题

1. 简述 mx-库函数和 MEX 文件的区别?
2. 演示 .NET 组件的创建过程。

第 11 章　Simulink 仿真设计

Simulink 是 MATLAB 的重要组成部分，可以非常容易地实现可视化建模，并把理论研究和工程实践有机地结合在一起，不需要书写大量的程序，只需要使用鼠标对已有模块进行简单的操作，以及使用键盘设置模块的属性。

本章着重讲解 Simulink 的概念及组成、Simulink 搭建系统模型的模块及 Simulink 环境中的仿真、调试。

11.1　Simulink 简介

Simulink 是 MATLAB 软件的扩展，它提供了集动态系统建模、仿真和综合分析于一体的图形用户环境，是实现动态系统建模和仿真的一个软件包。它与 MATLAB 的主要区别在于，其与用户交互接口是基于 Windows 的模型化图形输入，其结果是使得用户可以把更多的精力投入到系统模型的构建，而非语言的编程上。

Simulink 提供了大量的系统模块，包括信号、运算、显示和系统等多方面的功能，可以创建各种类型的仿真系统，实现丰富的仿真功能。用户也可以定义自己的模块，进一步扩展模型的范围和功能，以满足不同的需求。为了创建大型系统，Simulink 提供了系统分层排列的功能，类似于系统的设计，在 Simulink 中可以将系统分为从高级到低级的几个层次，每层又可以细分为几个部分，每层系统构建完成后，将各层连接起来构成一个完整的系统。模型创建完成之后，可以启动系统的仿真功能分析系统的动态特性，Simulink 内置的分析工具包括各种仿真算法、系统线性化、寻求平衡点等，仿真结果可以以图形的方式显示在示波器窗口，以便于用户观察系统的输出结果；Simulink 也可以将输出结果以变量的形式保存起来，并输入到 MATLAB 工作空间中以完成进一步的分析。

Simulink 可以支持多采样频率系统，即不同的系统能够以不同的采样频率进行组合，可以仿真较大、较复杂的系统。

11.2　Simulink 编辑环境

1. Simulink 的启动

启动 Simulink 有如下 3 种方式。

1）单击"主页"选项卡中的 按钮。

2）在命令行窗口中输入"simulink"。

3）在"主页"选项卡下选择"新建"→"Simulink Model"命令。

执行上述命令后，将弹出"Simulink Start Page"窗口，如图 11-1 所示。

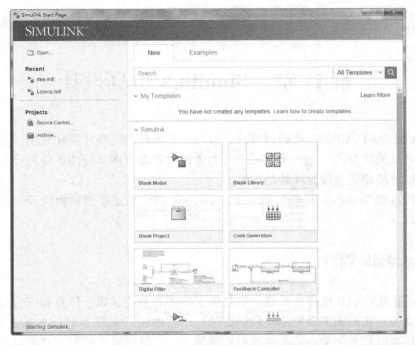

图 11-1 "Simulink Start Page" 窗口

该窗口列出了当前 MATLAB 系统中安装的所有 Simulink 模块，单击相应模块，会在该模块下方显示该模块信息，如图 11-2 所示。也可以在右上角上的输入栏中直接输入模块名并单击 按钮进行查询。

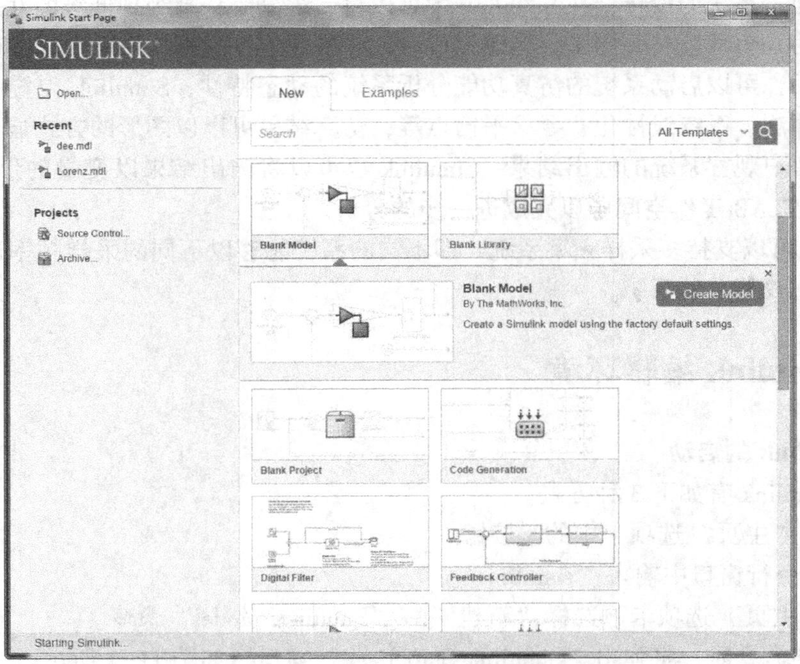

图 11-2　显示模块信息

2. simulink 的退出

单击窗口右上角的"关闭"按钮⊠即可退出。

3. Simulink 模块库

Simulink 模块库提供了各种基本模块，它按应用领域以及功能组成若干子库，大量封装子系统模块按照功能分门别类地存储，以方便查找，每一类即为一个模块库。在图 11-3 中显示的"Simulink Library Browser"窗口按树状结构显示，以方便查找模块。本节介绍 Simulink 常用模块库中模块的功能。

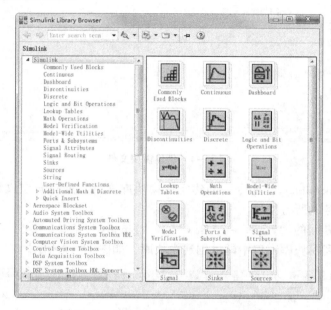

图 11-3 "Simulink Library Browser"窗口

11.3 模块的创建

模块是 Simulink 建模的基本元素，了解各个模块的作用是熟练掌握 Simulink 的基础。下面介绍利用 Simulink 进行系统建模和仿真的基本步骤。

1）绘制系统流图。首先将所要建模的系统根据功能划分成若干子系统，然后用模块来搭建每个子系统。

2）启动 Simulink 模块库浏览器，新建一个空白模型窗口。

3）将所需模块放入空白模型窗口中，按系统流图的布局连接各模块，并封装子系统。

4）设置各模块的参数以及与仿真有关的各种参数。

5）保存模型，模型文件的后缀名为 .mdl。

6）运行并调试模型。

11.3.1 创建模块文件

启动 Simulink，进入"Simulink Start Page"编辑环境，如图 11-1 所示。

1）单击"Blank Model"选项，创建空白模块文件，如图 11-4 所示，后面详细介绍模块的编辑。

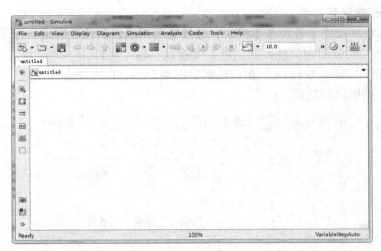

图 11-4　创建模块文件

2）单击"Blank Library"命令，创建空白模块库文件。通过自定义模块库，可以集中存放为某个领域服务的所有模块。

选择 Simulink 界面的"File"→"New"→"Library"菜单，弹出一个空白的库窗口，将需要的模块复制到模块库窗口中即可创建模块库，如图 11-5 所示。

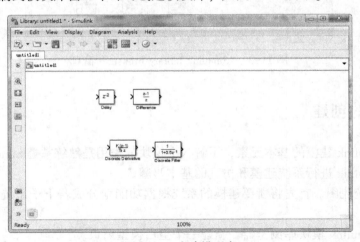

图 11-5　自建模型库

3）单击"Blank Project"命令，创建空白项目文件，执行该命令后，弹出如图 11-6 所示的"Create Project"对话框，设置项目文件的路径与名称。

单击"Create Project"按钮，创建项目文件，如图 11-7 所示。

图 11-6　"Create Project"对话框

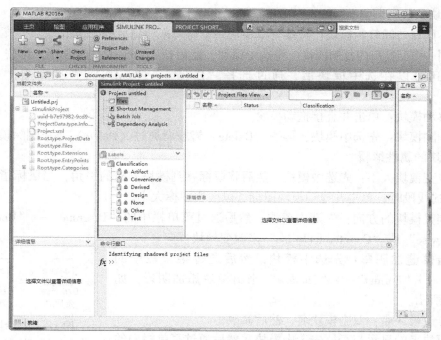

图 11-7　项目文件编辑环境

11.3.2　模块的基本操作

打开"Simulink Library Browser"窗口，在左侧的列表框中选择特定的库文件，在右侧显示对应的模块。

1. 模块的选择

1）选择一个模块：单击要选择的模块，当选择一个模块后，之前选择的模块被放弃。

2）选择多个模块：按住鼠标左键不放拖动鼠标，将要选择的模块包括在鼠标画出的方框里；或者按住〈Shift〉键，然后逐个选择。

2. 模块的放置

模块的放置包括以下两种方式。

1）将选中的模块拖动到模块文件中。

2）在选中的模块上右击，弹出如图 11-8 所示的快捷菜单，选择"Add block to model untitled"命令。

完成放置的模块如图 11-9 所示。

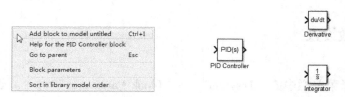

图 11-8　快捷菜单　　　　　图 11-9　放置模块

3. 模块的位置调整

1）不同窗口间复制模块：直接将模块从一个窗口拖动到另一个窗口。

2）同一模型窗口内复制模块：先选中模块，然后按〈Ctrl+C〉组合键，再按〈Ctrl+V〉组合键；还可以在选中模块后，通过选择"Edit"→"cut"或快捷菜单"copy"来实现。

3）移动模块：单击并直接拖动模块。

4）删除模块：先选中模块，再按〈Delete〉键或者通过〈Delete〉菜单删除模块。

4. 模块的属性编辑

1）改变模块大小：先选中模块，然后将鼠标移到模块方框的一角，当鼠标指针变成两端有箭头的线段时，单击并拖动模块图标，以改变图标大小。

2）调整模块的方向：先选中模块，然后通过菜单栏中的"Disgram"→"Rotate&Flip"→"Clockwise"或"Counterclockwise"来改变模块方向。

3）给模缝加阴影：先选中模块，然后通过菜单栏中的"Disgram"→"Format"→"Shadow"来给模块添加阴影，如图11-10所示。

图11-10 给模块添加阴影

4）修改模块名：双击模块名，然后修改。

5）模块名的显示与否：先选中模块，然后通过菜单栏中的"Disgram"→"Format"→"Show Block Name"来决定是否显示模块名。

6）改变模块名的位置：先选中模块，然后通过菜单栏中的"Disgram"→"Format"→"Fllip Block Name"命令来改变模块名的显示位置。

【例11-1】时间延迟输出。

1）打开 Simulink 模块库中的 Commonly Used Blocks 库，选中 Delay 模块，将其拖动到模型中。

选择 Source 库中的正弦信号模块 Clock 模块，将其拖动到模型中。

选择 Sinks 库中的图形显示模块 XY Graph 模块，将其拖动到模型中，结果如图11-11所示。

2）将文件保存为"time_delay"文件。

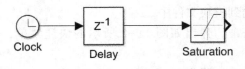

图11-11 创建系统图

11.3.3 模块参数设置

1. 参数设置

双击模块或选择菜单栏中的"Disgram"→"Block Parameters"命令或选择右键快捷菜单中的"Block Parameters"命令，弹出"Block Parameters：Derivative（参数设置）"对话框，如图11-12所示，设置增益模块的参数值。

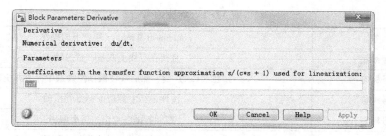

图 11-12 "Block Parameters：Derivative" 对话框

2. 属性设置

选择菜单栏中的 "Disgram" → "Properties" 命令或选择右键快捷菜单中的 "Properties" 命令，弹出 "Block Properties：Derivative" 对话框，如图 11-13 所示，其中包括如下 3 项内容。

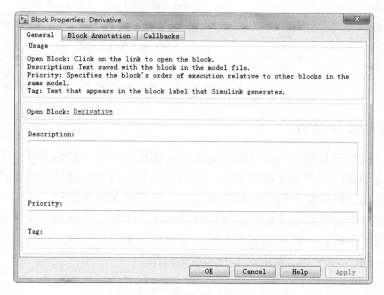

图 11-13 模块属性设置对话框

（1）"General" 选项卡
- Description：用于注释该模块在模型中的用法。
- Priority：定义该模块在模型中执行的优先顺序，其中优先级的数值必须是整数，且数值越小（可以是负整数），优先级越高，一般由系统自动设置。
- Tag：为模块添加文本格式的标记。

（2）"Block Annotation" 选项卡
指定在图标下显示模块的参数、取值及格式。

（3）"callbacks" 选项卡
用于定义该模块发生某种指定行为时所要执行的回调函数。对信号进行标注和对模型进行注释的方法分别如表 11-1 和表 11-2 所示。

表 11-1　标注信号

任　务	Microsoft Windows 环境下的操作
建立信号标签	直接在直线上双击，然后输入
复制信号标签	按住〈Ctrl〉键，然后按住鼠标左键选中标签并拖动
移动信号标签	按住鼠标左键选中标签并拖动
编辑信号标签	在标签框内双击，然后编辑
删除信号标签	按住〈Shift〉键，然后单击选中标签，再按〈Delete〉键
用粗线表示向量	选择 "Format" → "Port/Signal Displays" → "Wide Nonscalar Lines" 命令
显示数据类型	选择 "Format" → "Port/Signal Displays" → "Port Data Types" 命令

表 11-2　注释模型

任　务	Microsoft Windows 环境下的操作
建立注释	在模型图标中双击，然后输入文字
复制注释	按住〈Ctrl〉键，然后按住鼠标左键选中注释文字并拖动
移动注释	按住鼠标左键选中注释并拖动
编辑注释	单击注释文字，然后编辑
删除注释	按住〈Shift〉键，然后选中注释文字，再按〈Delete〉键

11.3.4　子系统及其封装

若模型的结构过于复杂，则需要将功能相关的模块组合在一起形成几个小系统，即子系统，然后在这些子系统之间建立连接关系，从而完成整个模块的设计。这种设计方法实现了模型图表的层次化，将使整个模型变得非常简洁，使用起来非常方便。

用户可以把一个完整的系统按照功能划分为若干个子系统，而每一个子系统又可以进一步划分为更小的子系统，这样依次细分下去，就可以把系统划分成多层。

如图 11-14 所示为一个二级系统图的基本结构图。

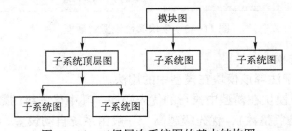

图 11-14　二级层次系统图的基本结构图

模块的层次化设计既可以采用自上而下的设计方法，也可以采用自下而上的设计方法。

子系统的创建方法

在 Simulink 中有两种创建子系统的方法。

【例 11-2】通过子系统模块来创建子系统。

打开 Simulink 模块库中的 Ports&Subsystems 库，如图 11-15 所示，选中 Subsystem 模块，将其拖动到模块文件中，如图 11-16 所示。

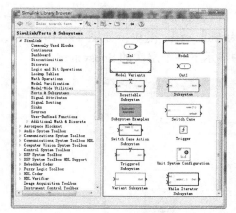

图 11-15　Simulink 模块库对话框

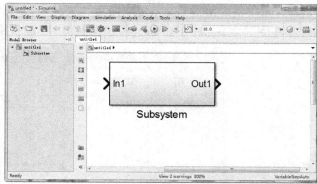

图 11-16　放置子系统模块

双击 Subsystem 模块，打开 Subsystem 文件，如图 11-17 所示，在该文件中绘制子系统图，然后保存即可。

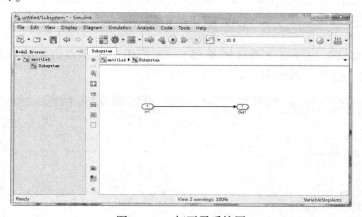

图 11-17　打开子系统图

【例 11-3】组合已存在的模块集。

打开 "Model Browser（模块浏览器）" 面板，如图 11-18 所示。单击面板中相应的模块文件名，在编辑区内就会显示对应的系统图。

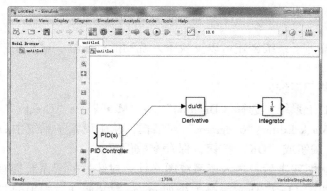

图 11-18　打开 "Model Browser（模块浏览器）" 面板

选中其中一个模块，选择菜单栏中的 "Disgram" → "Subsystem&Model Reference" → "Create Subsystem from Selection" 命令，模块自动变为 Subsystem 模块，如图 11-19 所示，同时在左侧的 "Model Browser（模块浏览器）" 面板中显示下一个层次的 Subsystem 图。

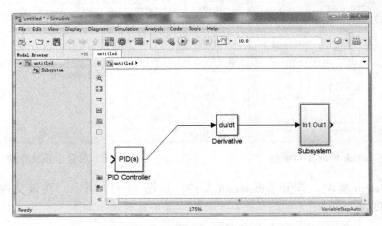

图 11-19　显示子系统图层次结构

在左侧的 "Model Browser（模块浏览器）" 面板中单击子系统图或在编辑区双击变为 Subsystem 的模块，打开子系统图，如图 11-20 所示。

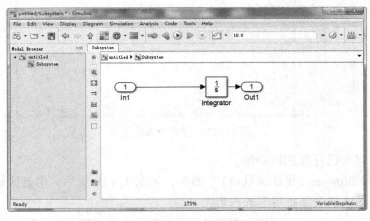

图 11-20　子系统图

封装后的子系统为子系统创建可以反映子系统功能的图标，避免用户在无意中修改子系统中模块的参数。

【例 11-4】封装子系统。

选择需要封装的子系统，选择 "Diagram" → "Mask" → "Create Mask" 命令，弹出如图 11-21 所示的 "Mask Editor：Integrator" 对话框，从中设置子系统中的参数。

单击 "Apply" 按钮或 "OK" 按钮，保存参数设置。

封装前的子系统图双击后，进入子系统图文件；封装后的子系统拥有与 Simulink 提供的模块一样的图标，如图 11-22 所示，显示添加 image 封装属性后弹出的对话框。

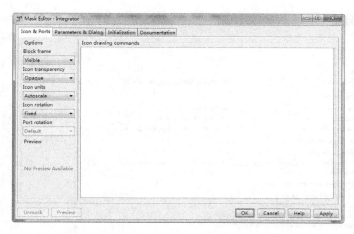

图 11-21　"Mask Editor：Integrator" 对话框　　　　图 11-22　"Block Parameters：
　　　　　　　　　　　　　　　　　　　　　　　　　　　　　　　　　　Subsystem" 对话框

11.4　仿真分析

　　Simulink 的仿真性能和精度受许多因素的影响，包括模型的设计、仿真参数的设置等。可以通过设置不同的相对误差或绝对误差参数值，比较仿真结果，并判断解是否收敛，设置较小的绝对误差参数。

11.4.1　仿真参数设置

　　在模型窗口中选择 "Simulation" → "Mode Configuration Parameters" 命令，打开设置仿真参数的对话框，如图 11-23 所示。

图 11-23　设置仿真参数的对话框

下面介绍不同面板中参数的含义。

（1）Solver 面板

用于设置仿真开始和结束时间，选择解法器，并设置相应的参数，如图 11-24 所示。

Simulink 支持两类解法器：固定步长和变步长解法器。Type 下拉列表用于设置解法器类型，Solver 下拉列表用于选择相应类型的具体解法器。

图 11-24　Solver 面板

（2）Data Import/Export 面板

主要用于向 MATLAB 工作空间输出模型仿真结果，或从 MATLAB 工作空间读入数据到模型，如图 11-25 所示。

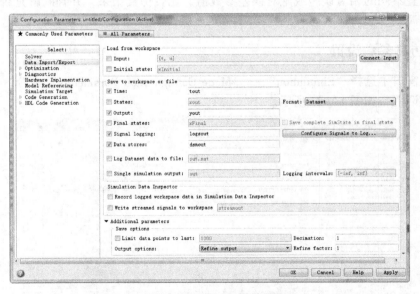

图 11-25　Data Import/Export 面板

- Load from workspace：设置从 MATLAB 工作空间向模型导入数据。
- Save to workspace or file：设置向 MATLAB 工作空间输出仿真时间、系统状态、输出和最终状态。
- Save options：设置向 MATLAB 工作空间输出数据。

11.4.2 仿真的运行和分析

仿真结果的可视化是 Simulink 建模的一个特点，而且 Simulink 还可以分析仿真结果。仿真运行方法包括以下几种。

1) 选择菜单栏中的"Simulation"→"Run"命令。

2) 单击工具栏中的"Run"按钮 ⓟ。

3) 通过命令行窗口运行仿真。

4) 从 M 文件中运行仿真。

在运行过程中遇到错误，程序停止仿真，并弹出"Diagnastic Viewer"对话框，如图 11-26 所示。通过该对话框，可以了解模型出错的位置和原因。

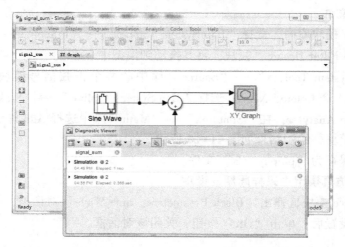

图 11-26 "Diagnastic Viewer"对话框

单击每一个错误左侧的展开按钮，列出了每个错误的信息，如图 11-27 所示，在蓝色文字上单击，在模块文件中显示对应的错误模型元素用黄色加亮显示。

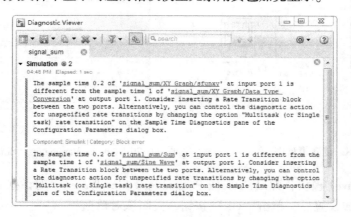

图 11-27 显示详细的错误信息

展开的错误信息包括 Message 的完整内容、出错原因和元素。

11.5 操作实例——数字低通滤波器离散时间系统

设计一个数字低通滤波器 $F(z)$ 离散时间系统，演示系统建模仿真的完整过程。滤波器从受噪声干扰的多频率混合信号 $x(t)$ 中获取 1000 Hz 的信号。

$$x(t) = 5\sin\left(2\pi t + \frac{\pi}{2}\right) + 4\cos\left(2\pi t - \frac{\pi}{2}\right) + n(t)$$

$$n(t) \sim N(0, 0.3^2), t = \frac{k}{f_s} = kT_s$$

其中，采样频率 $f_s = 1000(\text{Hz})$，即采样周期 $T_s = 0.001(\text{s})$。

1. 设计模型文件

打开 Simulink 模块库中，选择 "Dsp System Toolbox" → "Filter" → "Filter Implementations" → "Digital Filter Design" 模块，将其拖动到模型中。

选择 "Dsp System Toolbox" → "Source" 库中的两个正弦信号模块 Sine Wave，1 个 Random Number，1 个 Colored Noise；选择 "Dsp System Toolbox" → "Sinkl" 库中的频谱分析仪模块 Spectrum Analyzer；在 "Simulink" → "Math" 库中选择 Add 加法模块，将其拖动到模型中，连接模块，绘制结果如图 11-28 所示。

将模型文件保存为 "pinpuyi. slx" 文件。

2. 离散时间仿真模型中采样周期的设定

双击 Sine Wave 模块，弹出 "Block Parameters：Sine Wave" 对话框，按照图 11-29 所示设置参数，完成设置后，单击 "OK" 按钮，关闭该对话框。

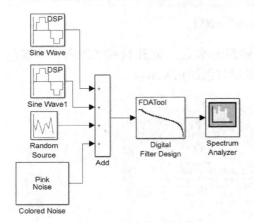
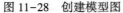

图 11-28　创建模型图

图 11-29　"Block Parameters：Sine Wave" 对话框

双击 Sine Wave1 模块，弹出 "Block Parameters：Sine Wave1" 对话框，按照图 11-30 所示设置参数，完成设置后，单击 "OK" 按钮，关闭该对话框。

双击 Random Source 模块，弹出 "Block Parameters：Random Source" 对话框，按照图 11-31 所示设置参数，完成设置后，单击 "OK" 按钮，关闭该对话框。

图 11-30 "Block Parameters：Sine Wave1" 对话框

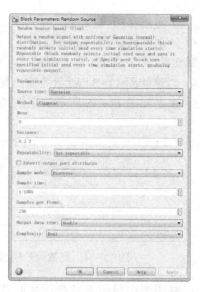

图 11-31 "Block Parameters：
Random Source" 对话框

双击 Colored Noise 模块，弹出 "Block Parameters：Colored Noise" 对话框，按照图 11-32 所示设置参数，完成设置后，单击 "OK" 按钮，关闭该对话框。

3. 仿真分析

单击工具栏中的 "Run" 按钮 ⊙，弹出 "Spectrum Analyzer" 对话框，显示叠加信号的频谱分析结果，如图 11-33 所示。

图 11-32 "Block Parameters：
Colored Noise" 对话框

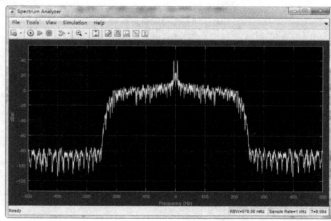

图 11-33 频谱分析图

11.6 课后习题

1. Simulink 的主要功能是什么？进行 Simulink 分析的步骤是什么？

2. 如何建立仿真模型？

3. 分别创建名为"myproject""mymodel""mymodellibrary"的项目文件、模块文件和模块库文件。

4. 创建如图 11-34 所示的输出复数信号的仿真模型。

5. 建立如图 11-35 所示的系统的线性化模型。

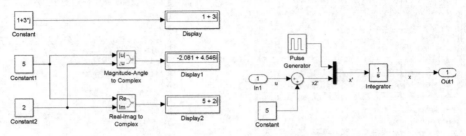

图 11-34　复数信号模型　　　　　　　图 11-35　线性化模型

6. 在图表中显示方波与正弦波并进行对比。

7. 设计在 XY 图中显示添加阶跃信号前后的正弦波曲线的仿真模块图形，如图 11-36 所示。

8. 演示滤波器中的正弦余弦信号，如图 11-37 所示。

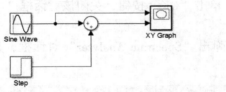　　

图 11-36　仿真模块图形　　　　图 11-37　正弦余弦信号